U0885589

一本让你豁然开朗的心理学读本

目标心理学

▸▸目标实现之前◂◂
千万别告诉任何人

悄悄地践行你的目标
等达成之后再告诉你的朋友们吧

赵文彤◎编著

中国华侨出版社

图书在版编目（CIP）数据

目标心理学 / 赵文彤编著．— 北京 ：中国华侨出版社，2017.5

ISBN 978-7-5113-6814-0

Ⅰ．①目… Ⅱ．①赵… Ⅲ．①心理学—通俗读物 Ⅳ．①B84-49

中国版本图书馆 CIP 数据核字（2017）第 114133 号

● **目标心理学**

编　　著 / 赵文彤
责任编辑 / 王　委
责任校对 / 高晓华
装帧设计 / 环球互动
经　　销 / 新华书店
开　　本 / 710 毫米×1000 毫米　1/16　印张 /17　　字数 /205 千字
印　　刷 / 香河利华文化发展有限公司
版　　次 / 2017 年 8 月第 1 版　2017 年 8 月第 1 次印刷
书　　号 / ISBN 978-7-5113-6814-0
定　　价 / 36.80 元

中国华侨出版社　北京市朝阳区静安里 26 号通成达大厦 3 层　邮编：100028
法律顾问：陈鹰律师事务所　　编辑部：（010）64443056　64443979
发行部：（010）64443051　　传　真：（010）64439708
网　址：www.oveaschin.com　　E-mail：oveaschin@sina.com

前言

早起、健身、减肥、旅行、学一门外语、掌握一门新技能，一个个看似令人心动的计划，为什么最后都落空了呢？为什么有人能游刃有余地达成目标，而你付出了时间、热情和心血，最终却一无所获？是计划不周全，还是能力有限，心理学家告诉你，其实都不是。研究表明，能不能完成目标并不完全依赖于一纸计划，也并非单纯取决于一个人的天赋和才能，它取决于很多因素，其中最不可忽视的是心理因素。

很多人在年初踌躇满志地设了一大堆目标，但是到了年尾才发现完成的目标寥寥无几，大多数都不了了之。去年的目标成了今年的目标，不知什么原因，自己又重蹈覆辙，像去年一样又一次让目标烂尾了。为什么会出现这种情况呢？要知道，设定目标、执行目标、完成目标，三个环节，不是按部就班的流程，仅仅依靠技术和方法，你是无法把每个步骤都做到完美的。

有时候你给自己设定了一个看似不错的目标，仅仅是因为别人也设定了这样的目标，自己并不知道为何要这样做，没有充分考虑到自身的个性化需求，这样的目标往往是很脆弱的，遇到一点挫折，也许你就会选择放弃。可见设定的目标是否合理，是否具有可行性，基本取决于心态。

目标有如一块多汁的美味牛排，你渴望吞下它，尽情享受它醇厚香浓的滋味，然而太过急功近利，就有可能消化不良。你只有调整好了心态，掌握好了切割的技巧，才能优雅地使用刀叉将其一小块一小块地切下来品尝。能不能得偿所愿地达成目标，心态是至关重要的，前方的路可能很崎岖、很黑暗，你必须无条件地相信自己一定能走向胜利的终点，才能跨越一个又一个里程碑，圆满地实现自己的愿望。

想要达成目标，你必须改变态度、转换思维，学会时间管理，提升自己的执行力，扫清前进道路上的一切障碍。有了好的想法，立即行动，不要拖延，因为拖来拖去，你便有可能被恐惧、焦虑等各种负面情绪打败。有了滴水不漏的计划，还要学会科学地管理时间，把自己打造成高效的行动派，步步为营地将美好的目标转化成现实。

小的目标可能不必耗用太多的资源，你只要把自己调整到最佳状态，矢志不移地朝着一个方向努力就够了。但大目标必须有资源的支持，比如你想创业，想实现个人的人生价值，想要过上一种全新的生活，没有资金、技术上的支持，没有广阔的平台是不行的。如果你是一个初出茅庐的年轻人，身边缺乏资源，就可以尝试着利用一切可利用的资源，也可以学习如何整合资源，让更多的社会资源为自己所用，帮助自己实现目标。

无论你想要实现的是大目标，还是小目标，它们最终都是为终极目标——幸福服务的。人类的最高追求除了幸福，别无其他。如果你完成了一个又一个壮举，实现了无数目标，却依然感觉不幸福，那么所有的努力就都失去意义了。

追求目标，就是为了使自己活得更幸福更快乐，幸福是目标的起点，也是目标的终点，它见证了你的心路历程，丰盈了你的生命。当你风雨兼程地一路走来，走向终点时感到了欣慰，感到了幸福，那么所有跋涉的艰辛都是值得的。希望本书能带给你有益的启发，能让你在追逐目标的过程中，积极乐观地度过每一天，邂逅阳光与幸福。

目录

第一章

生活需要目标感

每个人都需要为自己设定目标，因为人人都需要给自己寻找一个前进的方向。无论途中的风景如何，也无论目标会把你带到何方，只要你经历了，曾经对未来满怀期待，曾经对某个目标付出过力量和激情，曾经在实现目标的过程中找到过自我，那么一切便已足够，即使你没有看到彼岸花开，没有取得事业的辉煌，回首自己走过的路，依旧会觉得无比欣慰。

目标可以让你明白存在的意义。有了目标，你才会真正明白自己是谁，以及有何与众不同之处，才能清楚地知道一生应该为什么而奋斗，应该怎样经营自己的人生。你可以不聪慧、不貌美，可以没有财富，没有头衔，但是不能没有目标感。因为没有目标的生活是一片混沌，迷茫的旅行是不会有终点的，人不能漫无目的地活着，不能永远游戏人生，世上总有些东西是值得你去争取的，总有些美好的事物等着你发掘，你只有找到了方向，才能随时准备出发。

没有航行目标的船，任何风向都是逆风

关于目标，英国有句经典的谚语说："对于一艘盲目航行的船来说，所有方向的风都是逆风。"这句话的意思是如果航船没有目标，就不知道自己要驶向哪里，那么它就不可能乘风破浪，到达理想的彼岸，只能盲目地打转，任何方向的风对它来说都是逆风。船没有目标，就只能漫无目的地在大海上徘徊，人亦如此，人如果没有目标，就不知道朝哪个方向努力，无论做什么都是徒劳。

哈佛大学曾经做过一项非常著名的心理学研究实验，实验的对象是 1970 年从校内毕业的天之骄子们，心理学家和观察员对他们进行了长达 25 年的目标研究，试图以一种科学的方法画出这些哈佛精英的人生轨迹。研究发现，在这群出类拔萃的莘莘学子中，仅有 3%的人有清晰的长期目标；10%的人有清晰的短期目标；60%的人目标模糊，不知道未来具体想做什么；27%的人完全没有目标，不知道自己何去何从。

25 年之后，这些对目标持不同态度的哈佛学子生活的状况又如何呢？那些有清晰长期目标的人，25 年来始终朝一个方向努力，大都实现了人生目标，过上了自己想要的幸福生活；有清晰短期目标的人，不断制定和达成目标，大都成为了杰出的专业人才，如工程师、高管、律师、医生等，过得比较惬意滋润；目标模糊的人，都比较平庸，他们只是拥有一份比较安稳的工作，每天按部就班地上班下班，人生索然无味，没有任何惊喜，总是日复一日地重复着同样的生活；没有目标的人，几乎都处在社会的最底层，他们经常失业，生活过得非常糟糕，日子维持不下去的时候只能靠领救济金

过活。他们整天怨天尤人，越来越郁郁寡欢。

这项实验充分说明，目标决定了一个人的心理状态和生活状态，并决定了一个人的人生轨迹。一个人拥有什么样的目标，就会收获什么样的人生。只有制定了清晰合理的目标，才能朝着目标的方向奋勇前进，成功到达目的地。没有目标的人就像是无头苍蝇，横冲直撞，就算盲目一生，也不会有什么收获。这是极其可悲的。

1952 年 7 月 4 日，海面上大雾弥漫，一名 34 岁的女性游泳健将从距离加利福尼亚西海岸 21 英里的卡塔林纳岛海域出发，奋力向雾气笼罩的加州海岸游去，最终她成功了，成为了人类历史上第一个穿越卡塔林纳海峡的女性。她的名字叫费罗伦丝·查德威克。

在挑战卡塔林纳海峡之前，费罗伦丝·查德威克曾经尝试过穿越英吉利海峡，当时也是大雾天气，在一片浓雾中，她连护送的船只都看不到，更别说遥远的加州海岸了。时间一分一秒地过去，她在冰冷的海水里默默游着，感到又累又冷，体力渐渐不支，于是便请求教练让她上船。教练告诉她就快到岸了，叫她再坚持一会儿。她没有再说什么，又坚持游了 15 分钟，觉得浑身冻得发麻，她意识到自己再也游不动了，只好再次请求把她拉上船。另一艘船上的教练和母亲鼓励她不要放弃，因为她离海岸真的很近了。

她朝海岸的方向望去，前方浓雾漫天，什么也看不见，她实在坚持不下来了，因为不知道还要游多久才能结束。最后，在她的一再要求下，人们将她拉上了船。过了一会儿，她冻僵的身体渐渐暖和过来了。想起这次失败的渡游经历，她总结道，打败她的不是寒冷，也不是疲劳，而是因为大雾遮住了海岸，让她看不清目标。接受采访时，她说："说实在的，我不是为自己推脱，如果当时我看见陆地，我就能坚持下来。"

当时她离目的地只有半英里了，只要稍微坚持一下，她就能完成一项壮举，可惜由于失去了目标，她选择了半途而废。后来她吸取了失败的教训，两个月后成功横渡英吉利海峡，刷新纪录以后，她又挑战了更远的距离，决定横渡卡塔林纳海峡。她再次遇到了大雾天气，所不同的是大雾并没有阻碍她的行动，因为即便是看不到加州海岸，她的内心也不再迷茫了，目标就在她的心中，她知道只要一直向着目标的方向努力游过去，就能抵达目的地，最终她成功了。

从这则故事中我们可以看出，目标能够给人以方向感和确定感，心中有了目标，你就能克服所有的疑虑和恐惧，最终排除万难达成目的。只要你对人生有了把握，途中所有的挫折都显得微不足道了。有时真正让你半途而废、一事无成的，不是艰难困苦，也不是突如其来的霉运，而是目标感的丧失。因此从某种意义上说，找回目标感，是你优化人生进程、转败为胜的关键。

不要漫无目的地活着

你是否有过这样一种感觉，虽然不想标新立异，但却十分讨厌随波逐流，可悲的是有一天猛然意识到其实自己一直也在随波逐流。你决心过一种有意识的生活，却苦于找不到真正的目标，回望走过的路，回顾经历的人生，着实觉得自己庸庸碌碌，实在找不出什么值得引以为傲的东西。

诚然，你不必仰望别人，因为自己亦是一道独特的风景，每个人都应该学会去过一种力所能及的生活，而不是追求只有少数人才能挥霍得起的奢侈人生。其实平凡本没有错，错在活得盲目，活得无意识。今天若只是昨天的重复，明天又是今天的重复，日复一日、年复一年，周而复始，那么漫长的一生完全可以浓缩成短短的一天，这样的人生简直比白开水还要乏味，你又能从中找到多少乐趣呢？

人常道："人生一世，草木一秋。"草木无情，可以任凭时间流逝，人则不然，人类是有思想有情感有灵性的高等动物，怎能任凭韶华空度？人是要有目标感的，人类想要让生活变得更充实更有意义，就必须去过一种有意识的生活。你不妨问问自己：目前从事的工作是你向往的工作吗？你是否已经偏离了自己的职业目标？你是否在为自己向往的人生目标而努力呢？体重下降、身体状况变差是因为多年来都在吃相同的垃圾食物和不爱运动的结果吗？你是否把时间浪费在了无关紧要的事情上？你是否感觉自己的生活里总是缺乏点什么？你的感情生活如意吗？人际关系和谐吗？每天是否是过去生活的无聊重复？

想要"不因虚度年华而悔恨，不因碌碌无为而羞耻"，就必须学会反省自己的日常生活，回顾一下自己确立的大大小小的人生目标。问问自己最想做的是什么，最重要的是什么，心中最企盼的是什么，如何逐一实现它们。此外还要检查一下自己的人际关系，多多关心自己的亲人、朋友和爱人。

最后需要反思的内容就是关于自己的生活方式。想想自己是怎么消费时间和金钱的。如果你并不了解宝贵的时间是如何从手边溜走的，最好学会做时间规划。如果搞不清小金库里的钱在没有被盗的情况下是怎么不翼而飞的，最好尝试着做理财计划。如果发现自己向往已久的事一件也没做，那么最好把自己的人生目标按重要性重新排序，把最想做最有必要去做的事情排在前面，如此，你的生活才不会留下太多的遗憾。

IT男名叫高飞，目标意识十分混乱，他既想跻身于财智阶层，功成名就，过上光鲜亮丽的生活，又想远离都市的喧嚣，过一种无忧无虑的田园牧歌式生活。朋友告诉他，他的想法是自相矛盾的，人人都知道鱼与熊掌不可兼得，如果搞不清最重要的人生目标，做不好取舍，未来的生活轨迹就必定一片混乱。

朋友问高飞："你生活的目标是什么？"高飞沉吟了一会儿说："我想过上好日子，活得滋润开心，但是我所追求的不止是精神上的，你知道在商品经济社会，没有一定的物质基础，就会活得凄凄惨惨。"

朋友又问："那么，你对自己的现状满意吗？"高飞不假思索地说："不满意。"然后没好气地抱怨道："说实话，我真的觉得人活着很累。考研的时候我要起早贪黑地学习，现在比那时还忙，经常要加班到凌晨一两点，早晨又得早起，急急忙忙赶公交，每天累得头昏脑涨。因为平时太忙，没空陪女朋友，两个人经常因为鸡毛蒜皮的小事吵架，现在我们闹得很僵，我赚得那点工资基本上都用来花钱买礼物哄她开心了。"

朋友说："你想改变目前的生活方式吗？对未来有什么新的规划和打算吗？"高飞说："我当然想过改变。刚毕业的时候我也曾经是个热血青年，对未来充满期待和憧憬，但工作以后，每天都过着按部就班的日子，不知不觉就产生了得过且过、随波逐流的想法，现在想要改变并没有那么容易。为了过上好日子，我把生命中的黄金时间全部花在了自己不喜欢的工作上，终于成了拿着高薪的大忙人。可是钱并没有攒下多少，一部分给女朋友买礼物了，剩下的我也不知道花到哪去了。总之我现在是又忙又穷，头发越来越少，肚腩也起来了，工作和生活双双失意，所以我才会向往陶渊明笔下的那种'采菊东篱下，悠然见南山'的田园生活。"

朋友刚想出言劝慰，高飞又慨叹说："设想一下每天采菊、饮酒、赋诗，谈笑有鸿儒，往来无白丁，人生何其洒脱！和女友握手言欢，看落日听夜雨，生活何其浪漫！可当现实的车轮碾压过来，美好的生活目标便被压成了粉末。”

朋友不认同他的说法：“我认为你说的不对，是你自己没能把事业上的目标和生活上的目标平衡好，没有厘清目标的优先次序。不要总是抱怨人生有多少无奈，重新调整一下你的目标，我觉得你未来的生活还是可以改变的。”

当你感到内心茫然的时候，不妨问问自己，你的目标在哪里？在追求事业目标的时候，你是否只考虑了经济方面的报偿，而没有考虑精神方面的需求？这也许就是你不快乐的根源。你的情感生活和家庭生活令人满意吗？你是不是因为事业心太强，长期忽略家人和爱人的感受，导致彼此感情冷淡、关系失和？你的生活品质是不是一如既往地没有提升呢？你多久没有出去散步或旅行了，业余生活足够丰富吗？所有的答案都在你心里，除了你之外，没有人知道该如何规划和改变你未来的人生轨迹。所以你必须主动担起责任，自己成全自己。

生活有目标，比口袋里有银子重要

张爱玲说：“人生就像一袭华美的袍，里面爬满了虱子。”在现实生活中，无论多么理想主义的人，都必须要面对眼前的苟且。因此有不少人认为只要有了钱，就能活得有品位有档次了，生活将不再苟且，于是就把拼命赚钱当成了人生的首要目标，其他目标则全部沦为了附属目标。我们常听人说，有了钱之后我会周游世界，到一个美丽的海岛度假；升职加薪的目标完成之后，我一定会犒劳自己，到一家星级餐厅好好大吃一顿；获得全额奖金以后，我会到郊外踏青，呼吸一下新鲜空气，看一看草长莺飞……

人们会有如此高度相似的想法，主要是因为心理学上的马斯洛需求论。心理学家亚伯拉罕·马斯洛将人类的需求分为五种层次，它们分别是：生理需求、安全需求、社交需求、尊重需求和自我实现需求。前两种需求皆需要物质基础做保障，毫无疑问，一个人只有具备了一定的经济条件，才能衣食无忧，不必为吃穿住用行发愁，才能获得心理上的安全感。后三种需求属于高层次的精神需求，前两种需求获得充分满足以后，人们才会产生这些需求。我们很难想象一个饥寒交迫、衣不蔽体的人会觉得纯粹的精神上的需要会比吃饱穿暖更重要。追求精神享受是已经丰衣足食的人才会去做的事。这是不可辩驳的事实。

表面看来，人们把追求物质丰富当成首要目标似乎是很合理的。“等我有了钱之后……”的论调也完全符合心理学的理论。但仔细想想，事实并不是这样。绝大多数人都已经满足了前两种层次的需求，尽管大部分人都没有成为大富豪，可温饱问题早已解决了，本来我们应该有更高的追求和更高的目标，更加注重自己的内心世界和情感需要，为什么事实却截然相反呢？我们还停留在低级需求的层次上，这个问题是值得每个人深思的。

有一个记者到乡下采访，途中遇到了一个放羊的小孩，记者向这个淳朴的牧童提了一个十分深奥的问题：“你的理想是什么？长大后想干什么？”小孩不假思索地回答道：“放羊。”记者又问：“羊喂大了，你想干什么？”小孩说：“卖羊挣钱。”记者问：“卖羊得来的钱，你想用来干什么？”小孩说：“娶媳妇。”“娶完媳妇，干什么？”记者追问道。“生娃。”小孩说。“娃长大了，将来干什么？”记者问。“放羊。”孩子的回答依旧干脆而响亮。

“羊长大了，娃干什么？”记者接着问。他们的问答又回到了原点，孩子丝毫没有感到不耐烦，天真地述说着儿子的未来人生：放羊——卖钱——娶媳妇——生娃——生下的娃再放羊，重复祖祖辈辈的生活。记者连连摇摇头，觉得穷人的思维真是可怕，世世代代都走不出循环的怪圈，放羊娃也应该有志向有事业心，努力改变自己的人生命运。

记者快要离开这座小村庄的时候，又遇到了一个放羊的小伙子，他向小伙子提出了同样的问题，小伙子的回答跟那个孩子差不多，不过他的描述更加暖心更更加富有诗情画意，他说：“我要养很多羊，然后把羊卖了，攒钱娶一个漂亮的媳妇，和和美美地过日子，生一个白白胖胖的娃娃，把孩子抚养成人。当然，我会一直放羊，和羊群在一起晒太阳，踏着青草看日出日落。”

记者觉得小伙子虽然把生活诗意化了，但甘于放一辈子羊还是十分可悲的，于是又问：“你就没有别的想法吗？”小伙子摇摇头，反问道：“你对生活有什么想法吗？”记者说：“我打算多去一些地方采写，多写出几篇轰动的报道，然后一步一步实现自己的职业目标，三年以后成为新闻界的名人，在海边买一栋漂亮的海景房，和心爱的人一起看潮涨潮落，听海鸥的鸣叫和海浪的声音……”

小伙子不解地说：“你要想和喜欢的姑娘一起看海听海，现在就可以完成这个目标呀，为什么还要等到三年以后？”记者愣住了，他从来没有从这个角度考虑过问题，是呀，和喜欢的人一起看海听海并不是什么难事，只要他愿意，随时都可以完成这个目标，为什么一定要等到功成名就，拥有了不动产以后呢？

很多人常常发表豪言壮语，声称假如有一天有了多少钱会如何如何，总是把未来的目标定在遥不可及的时间点上，等到历经沧桑才发现，其实生活中的很多目标都与奢侈的追求无关，它们并没有那么虚无缥缈，也不需要精疲力竭地争取。其实，生活有目标，比口袋里有银子更重要，只要自己不那么匆忙、不那么功利，随时都能享受到本该拥有的幸福和快乐。

千百个镀金王冠，抵不上一个温暖的现在

众所周知，人生不能没有目标感，谁都不愿意被人看作是一个浑浑噩噩混日子的人，所以如果有人问我们近期有什么计划或是具体的目标，我们往往会脱口而出，考研、找工作、锻炼身体，晋升为部门主管或者自己创业当老板等，但当被问到一生最大的追求是什么时，我们常常无法作答，这似乎是一个“to be or not to be”（生存还是毁灭）的哲学问题，让人比哈姆利特还要困惑。其实对于任何人而言，最大的追求无非就是一生的目标。我们一时答不上来，不是因为自身毫无追求，而是因为人与人追求的东西不一样，追求的目标性质不同。我们无法在第一时间为自己的追求定性，所以不想与人分享。

有的人渴望功成名就，希望像李嘉诚一样富有，像马云一样事业有成；有的人就想过好平凡的小日子，希望能与相爱的人白头偕老，能够享受儿孙绕膝的快乐；有的人一辈子就想做点与众不同的事，比如出版一本惊世骇俗的新书，背起行囊走向远方，到乞力马扎罗山脚下仰望满天星光。从世俗角度来说，第一种人总是备受推崇，他们的追求一直被奉为上进、励志、成功的代名词，而后几种人所拥有的人生理想常被嘲笑，因为他们追求的是快乐、舒适和享受，没有那么强烈的功利心和事业心。

其实，追求本没有高下之分，目标也没有远大与渺小之分，想

要成就一番事业无可厚非，想要随心所欲地驾驭生活，从广阔的天地里撷一朵特别的浪花，让人生变得更丰富多彩更富有意义，也没有什么错，在这个多元化社会里，人生的价值观本来也应该多元化，谁说只有功利意义上的追求才是真正的追求呢?

提起目标，人们首先联想到的可能是高远的理想、宏大的抱负，想到的是甘于做一只低头扒土的笨鸡，还是做一只翱翔于天际的雄鹰的问题。事实上，生活里不只有奋斗，人生不是一场没有硝烟的战争，一将功成万骨枯的竞争游戏并不适用于每个人。事实上，在寻常的日子里，我们的脑海中曾经涌现过无数个距离我们更近的目标，它们触手可及，与竞争搏杀无关，但是却能反映出我们内心深处最深切的渴望，代表我们真实的情感需求，这样的目标才应该值得我们尊重。

健身减肥，让自己变得更健康更漂亮是一个目标；学陶艺学插花，提升自身的品位是一个目标；来一场说走就走的旅行，到大自然中陶冶性情是一个目标；掌握一门外语，为自己充电是一个目标……这些目标都不是少数人的专利，也都算不上是奢侈的梦想，但却能让我们的生命变得更加有意义。

在洛杉矶郊区，有一个名叫约翰·戈达德的15岁少年，在听到奶奶哀叹年轻时因为没做某事而极度后悔时，心想自己绝对不能犯和奶奶同样的错误，在年老时才发现人生有那么多遗憾，于是奋笔疾书，从容写下了未来将要完成的127个目标。

约翰·戈达德的目标清单囊括了他一生想要做的事情，包括想要到达什么地方，想学什么东西以及想要完成什么事情。有些是非常容易做到的，比如阅读莎士比亚、亚里士多德、柏拉图等大师的经典著作；有些则比较有难度，比如攀登世界屋脊珠穆朗玛峰和非洲第一高山乞力马扎罗山，到尼罗河、刚果河、亚马逊一带探险，游遍世界每一个国家，骑着大象、鸵鸟和野马去非洲草原，参观月球等，他还想演电影、谱乐曲、搞发明创作，做慈善事业，为非洲孩子募集100万美元的善款。

16岁那年，约翰·戈达德开始随父亲探险，完成了目标清单中部分探险计划。20岁那年，他来到美丽的加勒比海、浪漫的爱琴海和狭长的红海潜水悠游。21岁那年，他游历了21个国家。22岁那年，他得到了探索尼罗河的机会，尼罗河流域的优美风光和风土人情给他带来了深刻的印象，在回顾那次特别的考察活动时，他说："在这次旅途中，我领略了许多东西，关于自身，关于成功的喜悦，关于紧张充实的生活，它给了我去追求另外目标的动力。"

在长达半个世纪的岁月里，约翰·戈达德利用业余时间完成了人生中的大部分目标，他登上了包括乞力马扎罗山在内的12座世界高峰，探访了尼罗河和刚果河，游遍了世界122个国家。74岁时他正忙着完成生命清单中的第112项目标。

约翰·戈达德的事例告诉我们，人生中有很多有价值的目标是值得我们追求的，即使我们成为不了不朽的传奇，创造不了财富神话，依旧可以让自己的人生变得非同凡响。在这个迷茫躁动的社会，人们总是一路奔跑，为了某个疯狂的现实目标而无休止地冲锋，脚步似乎永远也停不下来，可事实上，那样的目标只是一个镀金的王冠而已，并不能让生命更富有质量和质感。千百个镀金王冠，抵不上一个温暖的现在，真正能丰盈生命、滋养生命的，是那些大大小小的或是新奇有趣或是有益身心的小目标，它们就像温润的白粥，不似燕窝鱼翅那样豪奢，却能让我们一生受用。

跳蚤也曾有自己的高度

动物心理学家曾做过一项非常著名的实验：他驯养了一只活泼的跳蚤，认真地观察它的弹跳能力。他把跳蚤随意往地面上一抛，发现它轻而易举地就能跳到一米多高。这是非常不可思议的，一只小小的跳蚤弹跳的高度居然超过了自己身体高度的400倍，在动物王国里，它的这种弹跳能力恐怕已经够得上是冠军级别了。

紧接着，动物心理学家把跳蚤放进了一只玻璃杯里，在一米高的地方加了一个透明的玻璃盖。跳蚤依然可以看清外面的世界，并没有发现有什么异常，可是当它按照以往的经验向上跳跃的时候，身体撞到了玻璃盖，砰的一声跌落下来。虽然摔得鼻青脸肿、头昏脑涨，它仍然不甘心，又陆续尝试了几次，结果一次次跃起，一次次跌落，渐渐地，它开始慢慢接受自己跳不出玻璃杯的事实。

为了避免失败的痛苦，它调整了自己的跳跃高度，每次跳到玻璃盖的高度都会自动跳下来，经过反复强化练习，它跳跃的最高纪录维持在了1米的高度。拿掉盖子以后，它再也不能跳到一米以上的高度了，过了很长时间，这种令人沮丧状况都没有发生改变。

跳蚤还能恢复原来弹跳的高度吗？动物心理学家对这个想法产生了兴趣，于是又做了一个残忍的实验。他用酒精灯把玻璃杯加热了，结果没过几分钟，跳蚤热得受不了，为了摆脱被炙烤的痛苦，它拼尽全力跳了起来，一下子就跳出了那只束缚它的玻璃杯，跳跃的高度超过了1米，它又成为了动物世界里顶尖的跳高高手。

跳蚤最初为什么没能突破一米的高度呢？答案很简单，它适应了目前的环境，调整了跳高的高度，不想做出任何改变了。那么，它后来为什么又突破了自己的设限，跳出了玻璃杯，重新恢复了弹跳能力呢？也许你会说那是因为玻璃杯下面放了一盏燃烧的酒精灯，它被烤得难受，潜能自然就被激发出来了。

在这个经典实验中，影响跳蚤发挥跳高水平的有两个关键的物品：玻璃盖和酒精灯。它们都属于外部因素，促使跳蚤改变了目标高度。其实我们就像这只可悲的跳蚤，目标的高度也会随着外界环境的改变而发生变化，生活中的玻璃盖可以让我们丧失生命的热情，甘于庸庸碌碌地了此一生。

世俗社会和这个时代，迫使我们对自己的人生目标作出各种各样的改变和调整。曾几何时，我们渴望过逃出水泥森林的桎梏，走向远方的原野；曾几何时，我们渴望以另一种方式成就自己，尝试一下剑走偏锋的冒险，寻找一个超乎想象的可能；曾几何时，我们只想坐在老式的火炉旁安安静静织毛衣，静下心来背几个英语单词或是毫无精神负担地抱着宠物消磨一个下午，利用闲暇的时间找到灵光乍现的感觉，一个方案或是一个创意就这样酝酿成型了，一如华特·迪士尼当年发现了米老鼠……可是当我们被无数次否定，被现实一次次狠狠打击，被所有人嘲笑、挖苦和讥讽的时候，我们胆怯了、迟疑了，不再相信自己最初坚守的东西，开始不自觉地调整战略目标，变成了和芸芸大众毫无二致的人。这样一来，我们就不会成为别人眼里的异类，也就不用承受太多的孤独和质疑声了。

社会就像一部高速运转的机器，把形形色色的人改造成了相同的样子。在物化的环境中，人们的所思所想、所欲所求皆表现出高度的一致性。读书的时候，我们都渴望进入名校；毕业的时候，我们都渴望得到一份待遇优厚、前途似锦的好工作；工作以后，我们都渴望快点升职加薪，买一栋属于自己的大房子；完成买房目标以后，我们将进入结婚、生子的固定程序，为了生计和家庭，我们终年奔波劳碌不休，然后是年华老去，步入风烛残年，忙着给自己物色墓地，想着怎样体面地走完人生中的最后一程。

其实，我们就是那只被困在玻璃杯里的跳蚤，头上方有无数的玻璃盖阻挡我们逃出去，久而久之我们习惯了现在的生活，变得麻木不仁，只想按照固定程序一步一步地完成别人都已经完成了的人生目标，根本没有思考过，人生是不是还有另外一种可能。渴求安稳、屈从环境的人，是不可能明白征服的意义的。在这个世界上，为什么有人会为驾驭海浪而生呢？为什么有人热衷于流浪，想要体会不同的生活？为什么有人对名校、专家、名人、白领等头衔不感兴趣，只想在工作和生活中找到更有价值的东西？这些被视为狂狷之徒的少数人，完成了一个又一个和多数人不一样的目标，最终活出了属于自己的精彩。

为什么我们不能按照自己的意志生活，不能达到自己人生的高度呢？难道仅仅是因为生活中缺少了一盏逼迫我们成熟成长的酒精灯？显然一切没有那么简单。不可否认的是，我们所生活的世界同化了大部分人，环境为人们设定了无数个相同的目标，并迫使人们有计划地为自己的能力不断加码，为的是争取到好学校、好工作、房子、车子、票子等令人心驰神往的东西，最终我们忘记了人生不止有一个模板，生活本来可以有万千的可能。

永远不要为了目的而忘记初衷

赵帆是一个收藏家，家里有许多精美古雅的瓷器，其中有一件瓷器特别精致，据说是从他祖父那辈传下来的。早些年，他并不觉得那件瓷器有什么与众不同之处，只是把它当成了普通的装饰品。

后来有一位有鉴别眼光的专家到他家里做客，说这件瓷器来历非凡，乃是出自清雍正年间官窑烧制的精品器物，价值上百万呢。赵帆一听激动万分，他万般没想到，摆在客厅里的寻常玩物居然是一件名贵的古董，得知这样的好消息，自然是心花怒放。

谁知没过几天，他就失手把瓷器打碎了。为了排解心情，他忍不住把这个坏消息告诉了专家。专家听后感到十分可惜，连连责怪他为什么这么不小心。赵帆唉声叹气地说："我没有不小心呀，反而是小心过度了。自从你告诉我它价值百万以后，我简直把它当成了家里的心肝宝贝，真的是含在嘴里怕化了，捧在手里怕碎了，夜里还担心有人入室偷盗。每次老婆轻轻擦拭的时候，我都再三提醒她千万要小心，不能把这价值连城的宝贝打碎了，结果昨天不知怎么回事，我还是失手把它摔坏了。唉……"

生活中，我们越是对一件事物呵护有加，就越容易将其一手毁掉，越是在意某件事情，就越容易把事情搞砸，在心理学上，这种现象被称为"目的颤抖"，俗称"穿针心理"。通俗的解读是：人在穿针引线的时候，注意力越集中，越难把细细的长线穿过小小的针眼，原因在于目的性越强，越容易遭致失败。

诚然，生命需要有方向，人生不能没有目标，但是心中有目标，和做什么事都冠以极强的目的性本质上是不一样的。我们都非常熟悉"瓦伦达效应"，它讲述的是美国有一个名叫瓦伦达的表演艺人，以擅长在高空走钢索闻名于世，他为观众献上了一场又一场惊心动魄的演出，从未失手过，却在一次决定自己演艺生涯的关键演出中，发生了意外事故，从高空坠落身亡。瓦伦达的妻子说她事先已预感到丈夫要出事，因为他太重视这次演出了，反复告诫自己不能出错，最后是患得患失的心态打败了他，让他在遭遇失败的同时失去了宝贵的生命。

想要为观众献上最刺激最完美的演出，一直是瓦伦达的目标，在最后一场演出中，他的目标仍没有改变。对于一个高度敬业的表演者来说，树立这样的目标是非常正常的。瓦伦达最大的失误在于在最后的演出中他的目的性太强了，以前他内心只有表演，没有任何私心杂念，表演起来一直游刃有余，可是后来却为名利所惑，把表演当成了撬开名利大门的工具，压力陡然而生，促使他遭遇了人生的滑铁卢。

有时候，你越是强烈地期待什么，就越是无法得到什么。在现实生活中这样的例子比比皆是，比如一向成绩优秀的学生发誓要考入一流学府，结果因为考试紧张，发挥失常，高考名落孙山；一向表现抢眼的足球运动员，在最关键的比赛中的最后关头，经历了临门一脚的惨败；风头正劲的大人物在重要讲话中频频出现口误；一个想要广交朋友、编织人际网络的销售员，越是想竭力讨好每一个客户，越是遭人厌烦。这是非常正常的生活现象，心理学研究发现，一个人所说的话中，如果废话超过了 90%，自己便会很快乐，而且也比较受人欢迎。也就是说在人与人的交流中，没有太强目的性的语言，更易让人产生亲近感。目的性太强的对话通常会在人内心深处产生排斥力，所以，一切还是顺其自然好，太刻意反而会适得其反。

诸多的例子告诉我们，把拳头攥得太紧，不但什么也抓不到，反而会失去太多。人生虽然是一个实现目标的过程，但对于生命，我们最好有一个潇洒的态度。虽然为学业、为事业，为了拥有更优越的生活奋斗并没有什么不对，但是在实现目标的过程中，我们不该把浮躁的情绪和太强的目的性卷入其中，因为那样做不仅会扰乱我们的心态，让事态朝着与我们相反的方向发展，还会腐蚀我们的心灵，让我们失去对生活的感知力。

除了功名和成就感以外，生命中还有很多值得我们珍惜的东西，所以永远不要为了目的而忘了初衷，如果我们带着强烈的目的性对待一切人和事，那么一切美好的东西都将变质。

设想一下，如果你是一名医生，只是以牟利为最高目标，那么你经手的所有病人都可能成为受害者，最终你只能成为害人的庸医，不可能成为受人爱戴、声誉显赫的名医。如此一来，你离自己的目标反而会越来越远；如果你结交朋友的目的只是为了把别人发展成可供利用的资源，那么别人也会将你视为可利用的对象，根本不可能真心帮助你，更别提在你需要的时候雪中送炭，助你一臂之力了；如果你经营一段感情或是经营一段婚姻，是出于世俗的目的，只是把爱情当成向上攀爬的阶梯，那么你是不可能拥有美满幸福的家庭生活的，你的另一半也不可能那么心甘情愿地成全你。

事实告诉我们，太强的目的性是目标的绊脚石，而不是催化剂，你若想美梦成真、得偿所愿，最好学会心无旁骛地生活，只有这样，你才能沿着最初的方向，抵达自己的幸福乐园。

被安置的青春不值得度过

弗吉尼亚·伍尔芙说："生命不是安排，而是追求，人生的意义也许永远没有答案，但也要尽情感受这种没有答案的人生。"心智成熟的时候，大部分人都像弗吉尼亚·伍尔芙所说的那样，乐于享受没有明确答案的多样人生，然而在不够自信，不能独当一面的情况下，人们追求的往往是安全感和确定性，希望有人能为自己事先铺好路、安排好一切。

走向社会以前，我们并不知道什么是不确定性，也从来没有意识到会有什么未知事件打破现在的平静生活，误以为生活会按照某种固定的模式一如既往地进行下去，这是因为父母为我们筑起了高高的城墙，让我们隔绝了外面的风雨，并且费尽心力地为我们打点好了一切。长大以后，我们面临着一个重要抉择，是摆脱对父母的依赖，摆脱他们的安排，自己寻找生活的方向和目标，还是选择听从父母的安排，继续充当温室花朵的角色，让父母导演自己的人生呢？

从心理学上讲，极度缺乏安全感和自信心的人，通常心理依赖性比较强，在面对不确定性因素时，往往会屈从于他人的安排，这样的人是不会有什么新想法和新的目标的。所以我们经常可以看到很多人在父母的安排下顺利地工作、结婚、生子，捧着铁饭碗波澜不惊、安安稳稳地度过了一生，可是却没有按照自己的心意活过一天，渴望去尝试的事情一件也没做，想要实现的目标一个也没实现，其实这是非常可悲的。

《阿甘正传》里有一句经典台词说：“生活就像一盒巧克力，你永远也不知道下一块是什么口味。”所以人生才处处有惊喜。如果生活变成了一种按部就班的彩排，你只要分阶段地实现预先分配好的固定目标就可以了，那么，人生还哪有半点激情和悸动可言呢？这样的人生就像一潭无风无浪的死水，一切都是那么乏味和了无生趣，尽管一切都很确定，却是不值得期待的。

看过电视剧《北京青年》的朋友，想必都会产生一种感同身受的感觉，四个主人公的选择不但为我们诠释了什么样的青春才是值得过的，还向我们阐明了该如何冲破现有的束缚，寻找新的人生方向和生活目标。以何东为例，他有一份令人羡慕的稳定工作和一个贤惠温柔的女友，本来可以过上非常安稳和美的生活，但他却在结婚登记的时候，猛然意识到这样的日子并不是自己真心想要的，于是和女友闪电分手了，又毅然辞掉了工作。他之所以做出这样的举动，不是因为一时冲动，而是因为忽然觉醒，他不甘于让自己的人生被安排，不甘于活在别人的期待中，所以选择了重走青春、重新寻找人生的目标。

每个人都是在彷徨和茫然中长大的，每个人都要在历练和蜕变中成熟，冒险是人生中不可或缺的一环，被安排的人生是不值得过的，因为它剥夺了你选择的权利，剥夺了你挑战自己、挑战目标的可能。要想拥有无悔的青春、无悔的人生，你就必须为自己的人生之舟掌舵，自己决定未来要驶向哪里。

楚航刚刚大学毕业就接受了家里的安排，去了父母开办的幼儿园当老师。他的工作很简单，大部分时间都陪孩子们做游戏以及照料他们的日常生活。大部分孩子都是天真可爱的，少数几个调皮的也很逗趣，楚航很喜欢跟这些孩子接触，和他们在一起觉得自己仿佛回到了无忧无虑的童年。可是他不想一辈子待在幼儿园，因为他心中一直潜藏着一个当摄影家的梦。

在幼儿园任教的时间里，楚航拍了不少照片，课间活动时，他留心捕捉孩子们每一张天真的笑脸和每一个真实的表情。上课时，看到有小孩子忽闪着大眼睛，托着腮做思索状的时候，他会突然按下快门，定格这一难得的瞬间。课余时间，他总对着院子里的大树、花坛里姹紫嫣红的花朵拍个不停，似乎每一处风景都能激起他拍照的热情。

直到有一天母亲见他对着一个流着鼻涕哭泣的孩子拍照时，才意识到他根本就不适合照看孩子。最终他还是摆脱了家里的安排，到一座风光旖旎的海滨城市开了一间摄影工作室。起初，他很长时间都揽不到业务，心里郁闷得很，甚至一度怀疑自己是不是选错了目标，如果摄影只适合当作爱好，不适合发展成职业，自己的选择岂不是太不明智了。他虽有些茫然、有些后悔，但最终意识到既然已经选择了这条路就不能回头了，幼儿园已经有了新的老师，他再回去，扮演的不过是个多余的角色罢了。

他开始免费为新婚夫妇拍婚纱照，由于摄影技术不错，服务周到，光顾他的客户又为他找来了很多新客户，有请他拍婚纱照的，有请他拍艺术写真的，也有请他拍商业图片的，新客户按时支付了报酬。两年之后，他的业务越来越多，业务范围已经涵盖了各类摄影服务。

后来他打算扩大工作室规模，选完更大的店面后，就开始忙着装修，整个人瘦了一大圈。父母见了非常心疼，忍不住叹息道："你何苦受这份累？"他笑笑说："累点不要紧，我觉得能自己安排时间，自己安排业务的感觉真是太爽了，这就是我想要的生活。"

你或许会认为只要一味谨小慎微地生活，顺着父母铺好的路一步步走下去，就能让每一步都踩得踏实。可事实上意外无处不在，接受安排并不能规避所有的风险。安稳的代价就是无休止地浪费青春和生命。走自己的路，朝着自己向往的目标大步流星地前进，即使会遇到艰难坎坷，即使会遇到仓皇风雨，也比平顺地度过乏味的一生要好得多。

如果你是一个人格独立的人，就该用实际行动创造自己的未来，而不是把未来交给任何人来安排，你的人生不需要别人来代理，你的青春不需要别人来安置，你虽不能决定自己来自何方，却可以决定自己将归往何处，前路漫漫，长亭更短亭，有许多未知的道路等待着你冒险闯一闯。

千万不要在错误的道路上狂奔

有一个富商在乡下买了一栋别墅，在郊区惬意地住了下来。工作日他每天开车到城里办公，闲暇时间经常沿着绿油油的田野散步。有一天，他到户外散步，途中看到有位农夫在田里插栽禾苗。农夫的动作极为敏捷，手法极为纯熟，不一会儿工夫，一排排整齐划一的禾苗就插好了，看起来就像用精准的尺子丈量过一般。

富商感到既好奇又惊讶，忍不住问农夫是怎么把禾苗插得这么整齐、这么井然有序的。农夫没有直接回答他的问题，而是顺手给了他一把禾苗，让他亲自体验一下插秧的过程。富商二话不说就走到田里，可是当他费力地插好几排秧苗以后，发现它们排列得一点都不整齐，看起来非常杂乱。农夫告诉他，插秧的时候最好紧盯着一样东西，然后朝着固定的目标直线前进，这样就能把秧苗插得整整齐齐了。

富商按照农夫的指教重新插秧，这次秧苗不再那么参差不齐了，但是它们并没有排成直线，而是变成了一道弯曲的弧形。富商不明白是怎么回事，再次请教农夫，农夫问他是不是一直紧盯着一个目标插秧。富商回答说："我一直盯着吃草的水牛。"农夫听了他的话，忍不住笑起来："水牛边吃草边走动，你不该选它当目标，难怪你把禾苗插成了弯曲的弧形。"

这则故事告诉我们，最初的选择决定了最终的结局，选对了目标，沿着一条准确无误的路走下去，你将得到应有的报偿，但是一旦选错了目标，你就有可能误入歧途，陷入难以挣脱的困境。这种现象可以用心理学上的"路径依赖定律"来解释，它指的是人的行为符合物理学中的惯性，你一旦进入某条路径，就会在惯性的推动下义无反顾地走下去，哪怕明知道这是一条黑暗的不归之路，也难以迷途知返。所以从某种意义上说，最初选择的目标和道路，将决定你一生的命运。站在人生的十字路口上，你不可以不慎重。

三毛说，“每个人心中都有一亩田”，可以用它来“种桃种李种春风”，可是如果选择了错误的目标，我们就会糟蹋了这亩美好的梦田。怎么才能选择正确的目标呢？首先要做到的是保持人格的独立和头脑的清醒，面对色彩斑斓的大千世界，我们应该拥有自己的判断和思考方式，不要盲目地追随别人的脚步。

在世俗社会，很多人把名利、权势和财富当成了毕生追求的唯一目标，无视公众利益，也不在乎别人的感受和需要，结果走上作奸犯科、违法犯罪的道路。这些人也曾风光一时，也曾头顶成功人士的光环，备受大众推崇，然而私下里却做了很多不为人知的坏事，最终东窗事发，沦为了为人所不齿的阶下囚。这是何其可悲可叹！

现实告诉我们，一个人可以不成功，但却不可以走错路。树立目标不一定要远大，但是它必须是一个正确的标杆。你的目标可以很简单，也可以具备一定的挑战性。目标是因人而异的，没有必要千军万马去挤独木桥。主流价值观推崇的东西未必是适合每一个人的，就像流行性感冒和流行元素完全是两码事，代表不了时尚一样。多数人趋之若鹜的道路未必适合你，多数人为之疯狂的东西未必能给你带来真正的快乐。

作为世界上独一无二的存在，我们不该扮演盲目羔羊的角色，而应该找到自己的角色定位，与其做一个内心复杂、表里不一的成功者，还不如做个开开心心、单纯快乐的花匠。世界上没有两片相同的树叶，我们何苦要成为别人的翻版或是盗版呢？每个人的人生都是不可复制的，如果要强行复制别人的成功人生，势必会走上歧路。做一个真实的普通人，回归真实的自我，并不是一件可耻的事，扭曲心灵、丧失自我才是最可怕的。

人拥有鸿鹄之志，想要像大鹏鸟那样展翅高飞，御风直上九万里本身没有错，倘若不是鸿鹄、不是大鹏，却偏要执迷地飞向不属于自己的高空，那就是大错特错了。哲学家黑格尔说："存在即是道理。"自然界中有那么多燕雀和斑鸠，自然有它的道理；街上有那么多来来往往鲜活真实的普通人，自然有它的道理。每一个普通人都是一个与众不同的生命，他们不需要武装到牙齿，不需要靠踩着失败者的肩膀来证明自我，不需要费尽心机打造形象光环，只要真实做自己即可。这就是谎言和大话都被戳穿了之后的真实人生，虽然不会令你热血沸腾，但至少不再煞风景。

有些人曾一度向往成为金字塔顶端的少数人，渴盼有朝一日带着傲视苍生的优越感坐享人世繁华，在追逐目标的过程中，不在乎手段和方法，于是铤而走险，犯下了一个又一个大错，最终从巅峰跌入了谷底。这类人之所以走上末路，是因为设立的目标超出了自身的能力，正常的途径走不通，最后只能通过旁门左道达成目的。我们每个人都应该客观清醒地认识自己，要凭借自身的实力追求生活，平凡并不可怕，人生中缺少宏伟的目标也不可怕，可怕的是在错误的道路上狂奔，丧失了理智、良知和真实的性情。

培养自己的目标感

毕淑敏曾经说过："人生本没有意义，但你能给它一个意义。"所谓的赋予人生一个意义，就是指培养目标感。那么，什么是目标感呢？它和目标又有什么区别呢？举个简单的例子来说，你立志报考哪所著名大学，进入哪家大公司工作，想要利用业余时间学习拉丁舞或烘焙西点的技艺等，皆属于目标，因为它们很具体，也很精准。目标感则没有那么清晰和具体，它指的是那种朦胧的长远目标，你未必能实现，但对你或其他任何人来说它都很重要。

既然目标感犹如触摸不到的太阳，那么，我们为什么要像夸父那样执着地追日呢？这样的执迷不悟是不是犯傻？当然不是，目标感有它存在的必要性。从心理学角度分析，人之所以要培养目标感，是为了填补目标实现之后的空虚。毫无疑问，人是欲望的动物，但是当目标得以实现，欲望得到满足之后，会怎样呢？短暂的兴奋之后，迎来的将是无尽的空虚。在现实生活中你是否有过这样一种体验：每当完成一个目标后，都会感到很充实很放松，心情格外愉快，但是如果找不到下一个目标，就会变得精神萎靡不振，感到生活无比空虚无聊。这就是目标实现后最真实的心理反应。

对于有些人来说，目标的阶梯是爬不完的，他们总能制定出新计划，设立新的目标，脑海里有无穷无尽的想法，生命的激情似乎永远都不会枯萎。但是对于绝大多数人来说，两个目标之间是存在空档期的，假如没有目标感作为精神支撑，生活便没有动力。如果你的目标是考一所理想的大学，找一份心仪的工作，那么，你的目标感便可以朦胧抽象一些，读好学校找好工作，目的无非是想要让自己成为出类拔萃的人才，你可以把将自己培养成优秀人才当成目标感，这是值得你奋斗一辈子的事，不会在某个具体的阶段完成，根据“没有最好，只有更好”的经典广告语来分析，优秀是无止境的，这个长远目标需要你用一生的时间来达成，足以填补你生命中的所有空档期了。

假如你是一个把生活看得比事业重的人，一心想要把业余生活安排得丰富多彩、想要学习跳舞、唱歌或是烹制精致的餐点，这样的目标通常比较容易达成。掌握了相关才艺技能之后，你可能在相当长的时间里，都找不到让大脑兴奋的事情。遇到这种情况怎么办呢？不妨试试用目标感激励自己。

试想一下，你想学习才艺的初衷是什么？是为了让生活更加多姿多彩、更加有滋有味，也是为了把自己培养成一个多才多艺的人。这就是你的目标感。要想成为一个多才多艺的人，并不是掌握了十八般技艺就可以了，你需要学习的东西还有很多。试着慢慢扩大自己的视野，你将发现学无止境，你的目标清单中将不知不觉地被添加上一长串的内容，你忙都忙不过来，哪有时间哀叹人生的虚无呢？

夏川和陆伟是一对好朋友，两人都想读清华，不幸的是高考时他们都落榜了。在谈起未来的目标时，夏川斩钉截铁地说："我要复读，无论复读多少年，我都要实现自己的人生目标，否则我将遗憾终生。"陆伟说："我会选择一所综合条件不错的理工大学，然后慢慢起步。没能考上清华，我感到很遗憾，因为我觉得自己丧失了一个很好的平台，不过不要紧，以后我会用加倍的努力来弥补一切。"

后来夏川一连复读了三年，终于踏进了清华的校门。毕业以后，由于顶着名校高才生的光环，他很快就找到了一份待遇优厚的工作，成为了让人羡慕不已的精英。他每天西装革履，出入高档写字楼，喝着香醇的进口咖啡，日子过得颇有小资情调。头几年，他感到很开心很有成就感，可是近来忽然感觉分外茫然，不知道人生的意义究竟是什么。

有一天，夏川和老朋友陆伟不期而遇，一阵寒暄之后，夏川才知道陆伟现在已是一家大型跨国公司的高管。他向夏川咨询了有关到清华读MBA的事。夏川惊叹道："原来你现在还没有放弃上清华的目标。"陆伟说："我和你不一样，你把考上清华当成最大的人生目标，我只是把他当成实现目标的一个平台、一个步骤而已。上清华对你来说是终点，对我来说却是起点。"

夏川瞬间明白自己为什么感到空虚了，他有的只是短期目标，目标实现了就找不到其他的追求了，而陆伟有的是长久的目标感，他一直在路上跋涉不息，怎么可能感到空虚无聊呢？

目标感可以为我们营造一种在路上的感觉，心中有了目标感，我们就仿佛化身成了跋山涉水、奔波不休的背包客，尽管身上落满了岁月的尘埃，内心却是无比充实和喜悦的，因为途中处处都有好风景，眼睛和心灵可以跟着脚步尽情地流浪，每到达一个目的地都意味着又要出发，不必担心自己的双脚找不到出路，不必担心自己的灵魂会因为激情的湮灭而速朽，向着远方前进，追求无止境，人生无终点，这样的生活是何其惬意、何其潇洒！

心理小测试：你有目标意识吗

如果你是一个非常率真的人，可能会说："我就想随心所欲，自由自在地活着，为什么非要有目标呢？"如果你是一个淡漠的人，或许会说："我什么都不在乎，也不关心有没有目标。"如果你是一个不折不扣的虚无主义者，则会说："生活的本质就是虚无，我们何必要强加给它一个目标呢？"

试想一下没有目标的生活是什么样子的。你每天能给自己一个起床的理由吗？醒来之后知道自己该何去何从，该做些什么吗？当你对所有的事都持无所谓的态度，对一切都漠不关心的时候，眼睛里还会有快乐的火花闪烁吗？毫无疑问，人是要有目标意识的，有了它，我们才会对生活充满渴望，才会以积极上进的心态度过每一天，才不至于像行尸走肉一样浑浑噩噩地虚度一生。

高峰是个含着金汤匙出生的富二代，他整日沉迷于吃喝享乐，养成了纨绔子弟的不良习性。父母总是奉劝他要树立人生目标，苦口婆心地劝他说不能再这样不务正业、游手好闲下去了，他却把这些话全都当成了耳旁风，依旧我行我素。连家里的佣人都看不惯他，觉得他已经懒得无可救药。有一天，已经中午十二点了，他还没有起床，佣人准备好了午饭，便把他叫醒了，他醒来后大发脾气，随手把床头的挂饰摔碎了，然后悻悻地下了楼。

午饭吃的是三文鱼，一家人默默地咀嚼着食物，一言不发，气氛无比沉闷。父亲忽然打破了沉默，感慨道："有时候我觉得人还比不上一条三文鱼。三文鱼从鱼卵发育成幼鱼的时候，就知道自己该怎样生活了，它会在淡水湖里度过一年时光，然后顺流而下奔向大海。在凶险莫测的海洋里，它会一边努力长大，一边躲避鲸鱼、海豹等天敌的袭击。历经四年的时间，它才能长成一条成熟的三文鱼。成熟以后，在体内基因的召唤下，它将开始洄游之旅，逆流而上游回自己的出生地。途中它要闯过激流和险滩，好不容易跃上岸，有可能被鸟类吃掉，也有可能力竭而亡，经历过九死一生的考验才能回到自己的出生地产卵……"

高峰看着餐盘中的三文鱼若有所思，父亲接着说道："一条三文鱼为了完成自己的使命和目标，可以付出这么多，叫我们人类情何以堪呢？"高峰笑笑说："既然这条鱼这么了不起，为什么最后却成了餐桌上的食物呢？"见父亲一时答不上来，他又说："我明白你的意思，人类处在食物链顶端，是比三文鱼更高级的生命，不能不如一条三文鱼，这就是你想要向我说明的道理吧。"父亲不置可否。

高峰说："放心吧，我不会一辈子都过猪狗一样的日子的，我自有我的打算。"后来他攻读了 MBA，成了一家跨国企业的高管，每当老同学问他为什么会有这么大转变时，他总是半开玩笑地说："我爸叫我跟一条鱼学习。"

你的人生目标是什么？也许你在人生的不同阶段会给出不同的答案。小时候追求的东西无非是糖果、漫画书、卡通片；长大之后，追求的东西会比较多样化，譬如找一份自己喜欢的工作，参加一次别开生面的派对，到巴厘岛度假，或者是减掉 20 磅；退休以后，整天思考的无非是如何健康地活着，如何安享晚年。

如果你无论处在哪个年龄阶段，都能随口说出自己的目标，就说明你具有较强的目标意识，如果你只能用抽象的语言来描述目标，就说明你的目标意识较弱，如果你不清楚自己的目标究竟是什么，大脑一片混沌，就说明你不具备目标意识。当然，这只是一种粗略的判断方式，倘若你想明确地知道自己是否具有目标意识，以及自身目标意识的强弱，不妨看看下面的心理测试题，它能帮助你更好地认识自己。以下题目只需做出"是"或"否"的回答即可。

1. 时刻想要实现某个目标。

2. 能用语言文字和数字描述自己的目标。

3. 对没有完成的目标，会感到十分不安。

4. 经常思考该用什么方法更好地实现目标。

5. 常常梦到得到他人的相助。

6. 偶然事件能给你带来很多启发。

7. 做事时总怀着必胜的信心。

8. 着手做一件事情时喜欢思考分析。

9. 已经确立了未来的目标。

10. 经常闭着眼睛想象美好的目标。

11. 总是在大脑中勾勒着目标。

12. 多次把自己向往的东西变成了现实。

13. 习惯有意识地运用潜意识的力量。

14. 意识集中时，仿佛能看见什么似的。

15. 无论做什么，都不会产生“我不行”的念头。

每道题以“是”作答得1分，以“否”作答得0分，得分累积相加后，统计总分。

总分为0～3分，表明你的目标意识很弱。总分为4～6分，表明你的目标意识较弱；总分为7～9分，表明你的目标意识一般；总分为10～12分，表明你的目标意识较强；总分为13～15分，表明你的目标意识很强。

第二章

找出导致计划搁浅的心理症结

目标皆源自你头脑中最初的一个奇妙的想法，来自电光石火中擦出的一个思想火花，它代表了你内心深处的一种渴望，正是因为有了这种渴望，你才有了驱动力，想要费尽九牛二虎之力实现目标。可遗憾的是，不是所有的目标都能顺利实现。有了某个想法、某个念头，树立了某个目标，也许只是一瞬间的事，可是要把它转化成现实就没有那么容易了。目标不是闪亮的头衔，也不是专业词汇堆砌出来的一套说辞，无论你有多么丰富的人生经验，掌握了几种可以谋生的技能，假如没能成功解开自己心理上的结，想要实现目标恐怕就是不可能的了。

能不能让目标由一个美好的想法转变成眼前的事实，主要取决于你的心态和观念。如果你意识不到这一点，很多看似滴水不漏的计划最终都会被搁浅，所有看似能够实现的目标都将变成海市蜃楼。想要完成目标，就要从心出发，先打开心路，你才能迈着坚定的步伐走上铺满鲜花的阳光大道。

可望不可即的东西永远不会属于你

大千世界，忙忙碌碌，每个人都在为自己的目标奔忙着，所不同的是有的人得偿所愿、梦想成真，而有的人劳而无功，最终白忙一场，这是为什么呢？为什么有些人能如愿实现人生目标，而有些人却不能？是命运厚此薄彼，还是人为的因素造成的？客观而言，阻碍目标实现的因素有很多，机遇和运气属于其中的部分因素，但决定目标能否成为现实的，关键在于目标是否贴合实际。

目标大体上可以分为三种：第一种是不可望而可即的目标，第二种是可望而可即的目标，第三种是可望而不可即的目标。

第一种目标指的就是运气和机遇，生活中，我们常看到有心栽花花不开，无心插柳柳成荫的事情，譬如一个人从未想当明星，原本只是商场里的一个普通售货员，却因为形象好、气质佳，被星探发现了，从此走上了星途，把成为著名影星视为自己的职业目标，结果因为拍了一部火爆荧屏的新戏而迅速走红，在这种情况下，目标得以实现靠的是千载难逢的机遇。能够实现这种目标的人只是少数运气好又善于抓住机遇的人，这条路对于绝大多数人来说是走不通的。

第二种目标指的是那种触手可及的目标，比如一名成绩优异的本科生想要考取研究生，一名业绩出色的工作者想要获得更多的绩效奖金，一个退休的老人想要遛狗、养花、学习书法，一名文艺青年想到一个山花烂漫的地方寻找灵感，写几首清新的小诗等等。这样的目标是容易实现的。你无须付出太大的代价，就能达成心愿。

第三种目标就好比是天上的星辰，看起来很美好，但是就算我们耗费一生的时间，付出毕生的努力，也不可能把它摘下来，因为它只是幻想中的目标，是虚无缥缈的。生活在想象的王国里，把幻象当成目标来追求，常被人们讽刺为痴心妄想，在心理学上，它属于一种心理障碍。具有这类思想特征的人，在精神上是高度自恋的，个性和行为通常比较幼稚，他们常把幻想当成现实，把虚妄当成真相。在通常情况下，他们的目标是实现不了的，因为“手可摘星辰”只是诗人浪漫的想象，“摘下满天星”只是歌者的浅吟低唱罢了。

这个世界上，虽然有很多奇遇和奇迹，但是它们只是个案，不具备普遍性，并不能给我们的人生提供有效的指导。的确，乞丐也可以入主华尔街，摇身一变成为腰缠万贯的大老板，但这并不意味着我们中的任何一个人都可以创造同样的奇迹；这个世界上虽然存在盲人画家，但并不意味着所有视力有缺陷的人都能成为画家，天生色盲的人偏要去做画家，遭致失败的可能性当然更大；赛场上虽然活跃着不少身残志坚的运动员，但这并不意味着坐轮椅的人都能成为长跑健将……

一个人设立的目标必须切合实际，与自身的条件相匹配，否则很难实现。幻想再美妙也终归是幻想。一个人可以幻想着拥有奥黛丽·赫本那样的天使脸庞或是像阿兰·德龙那样风度翩翩，身份为名媛或是总裁，张口便能舌绽莲花，谈笑之间就能搞定一切事情，事事顺风顺水，经常荣登福布斯富豪排行榜，又被评为时尚达人，成为全世界追捧和爱慕的对象。除此之外，他（她）还掌握了十几种语言，足迹不仅遍及了世界上的每个角落，有过无数传奇的冒险的经历……这些完全是堂吉诃德式的幻想，是不可能转化成现实的。

崔立想要证明自己是否具备当伟人、名人的潜质，制定了很多令人匪夷所思的计划，做出了许多令人哭笑不得的荒唐事。由于他树立的目标离现实太远，结果所有的目标都没有实现。他的第一个目标是做一个像拿破仑那样令万众瞩目的伟人。为了达成这个目标，他花了大量时间培养自己的领袖气质，又耗费了不少时间模仿拿破仑的言谈举止。他把拿破仑的经典语录全都默记了下来，无论是在办公室里，还是在家里，开口讲话时出口就是拿破仑语录，搞得别人莫名其妙，结果他确实得到了很多关注，不过别人并没有像崇拜拿破仑那样崇拜他，而是认为他精神上受了什么刺激，需要入院治疗。

崔立的第二个目标是到一家大型工厂打工，从基层做起，然后在半年内一鸣惊人，成为厂里最优秀的员工。一年之后自己开办工厂，大规模生产塑胶花，之后进军房地产，华丽转身为地产大鳄，最终的目标是复制李嘉诚的传奇人生。为了实现第二个目标，他辞掉了工作，成为了某大型工厂里一名普普通通的工人。半年以后，他还是一名毫不起眼的工人。过了一年，等他打算开办工厂的时候，发现自己既没经验，又缺资金，根本就不具备创业的条件，于是只好作罢。

有时候即使我们通宵达旦地努力，也无法达成目标，不是因为我们付出得不够多，而是因为设定的目标太不切实际了。人在仰望星空的同时必须学会脚踏实地，如果过于狂妄自大，或是一味地想入非非，就只能遭致惨败。如果目标太过遥远，太过高不可攀，即便是架起通天塔，我们也是够不着的。所以在计划受阻、目标实现不了的时候，我们首先要反思目标的可行性，如果答案是否定的，最好及时对目标作出调整，免得总是徒劳无功。

跳一跳够得着的目标才是好目标

关于目标的高度，长期以来，人们一直持有两种截然相反的看法。有些人认为目标越高越不切实际越好，理由是“瞄准天空的人总比瞄准树梢的人要射得高”。另一些人认为只有唾手可得的目标才是可取的，我们本来就是普通人，只应做一些力所能及的小事，何必对自己要求太高。

心理学上的洛克定律告诉我们，这两种想法都是错误的。洛克定律又被形象地称为“篮球架”原理。大多数人都有过打篮球的经历，你仔细观察过篮球架的高度吗？认真思考过它为什么会被设计成现在的高度吗？设想一下假如把篮球架设置成 5 米高，连姚明这样的高个子跳起来都不能把球投进篮筐，那么谁还有信心灌篮呢？反过来讲，如果篮球架只有 1 米多高，任何人不用踮脚就能把球投进篮筐，那么这样的体育竞技就一点意思都没有了，不会有人热衷于打球，也不会有人有兴趣看球了。

篮球之所以能成为世界性的体育项目，就在于它设定了一个跳一跳就能够得着的目标，这样的目标是最富吸引力的。这样的高度最有利于调动运动员的积极性，促使其有更出彩的表现，也有适宜于观众的胃口，激发其内心的热情。有时候，我们之所以在执行目标的过程中半途而废，多半原因是设置的目标高度不合适，目标太高，我们没有信心迎接挑战，目标太低，我们又觉得没有意义，有时是懒得去执行，有时是不屑于执行。毕竟谁都不喜欢低级游戏，因为即使成了赢家，也获得不了什么成就感。

现实生活中，我们常犯两种错误，不是追求太高，就是太没追求。有些人不顾自身的情况，一心想要成为第二个马云，第二个比尔·盖茨，有些人则满足于吃喝玩乐的平庸生活，以为人生除了一地鸡毛的琐碎，便没有什么了。抱着这样的心态，是不可能实现理想的目标的。

章明和李昂是大学校友，两个人虽然个性、想法反差比较大，但是感情很好，是一对关系非常亲密的死党。章明是个非常好强的人，眼光高、目标高，处处都想高过别人一头。19岁那年，他给自己制定了一系列目标，包括追到校花，毕业一年后年收入过百万，到健身房练出八块腹肌，要把自己的身型塑造得像希腊勇士一样优美等。李昂对自己要求比较低，他每天只想着好好大吃一顿或者痛痛快快地打场球，几乎没有什么追求。有人说他是吃货，有人嘲笑他是草包，他一点也不介意，依旧过着平凡的日子。

毕业以后，章明只身来到了北京，希望能赤手空拳打拼出一片天地。李昂留在了家乡的海滨小城，他对北上广深这样的一线大城市没有什么好感，只想继续优哉游哉地混日子。若干年后，两人在同学聚会上见面了。简单地寒暄了几句之后，李昂问章明："大学时制定的目标，你都实现了没有？"

章明摇摇头说："没有。我想追的校花成了别人的女友，这你是知道的。她对我的表白无动于衷，理由是她相信一见钟情的爱情，而我不是她喜欢的那杯茶。没有办法，我只好挥刀斩情丝，斩断了单相思。第二个目标也没实现，我奋斗了这么多年，薪水涨幅不大，不要说年收入百万了，连十万都不到，说来真是惭愧。第三个目标更别提了，健身房的教练告诉我，我的身材比例以及身高跟希腊勇士相去甚远，我可以练出一身肌肉，但永远不能拥有完美的身材。"

章明在叹息之余，忽然问李昂："你呢？你有什么目标？都实现了吗?”李昂不好意思地笑笑说:“我每天都有新目标啊。不过,你也知道,我的目标都没有什么技术含量,不费吹灰之力就能实现,做与不做没什么差别,我也不把它们放在心上。说实在的,我并不在乎它们能不能实现。”

毫无疑问,决定目标能否实现的有两个关键因素,一是目标本身,二是我们的态度。具备一定的挑战性且又合理的目标,通常情况下都是能实现的。无论跳得多高,都触不到的目标,永远都没有实现的可能性;不用跳,甚至不用移动脚步,随随便便就能完成的目标,可能会实现也可能实现不了,这主要取决于你的个人意愿。只有奋力一跃,恰好是你够得着的目标才是最适合你的目标,它能激起你挑战自己的渴望,又能使你的潜能得到最大程度的发挥,最重要的是它能让你在完成目标的过程中获得自豪感和成就感,找到这样的目标,你的一生都将为之改变。

百分之九十九的问题都是因为惰性

每个人都向往安逸的生活,因为趋乐避苦是人的天性,谁不喜欢安闲的生活,谁没幻想过到海边懒洋洋地晒太阳,神情慵懒地欣赏一下椰风骄阳的美景呢?劳碌之后,暂时远离都市的喧嚣,偶尔放松休息一下本没有错,毕竟拼命三郎也是需要假期的。可是如果把人生的每一天都当成惬意的度假,那怎么能腾出时间来实现目标呢?

有时候目标实现不了,不是因为时机不成熟,也不是因为能力不够,而是因为我们太懒,宁愿窝在沙发里看小说、刷微博,也不愿意做一些更有意义的事,比如制定具有挑战性的目标。毫无疑问，制定新目标就意味着突破心理舒适区，而执行新目标就意味着要跟自己身上的懒惰基因展开长久的拉锯战，这些事情都是我们应该极力逃避的。

心理学研究表明，人一旦习惯了某种生活模式，就好比进入了某种舒适区，只要保持现状，便会感到安全舒适惬意，久而久之，就懒得做出改变了，想要突破这种模式，难度非常之大。譬如你习惯了每天回到家就打开电脑看韩剧，突然有一天制定了一个新目标，打算把看韩剧的时间用来阅读《莎士比亚全集》，你会发现执行这个新目标非常困难，原因倒不是因为韩剧比莎士比亚更具备吸引力，而是因为你已经习惯了那种慵懒的作息，突然之间将休闲娱乐的时间改为学习时间，那需要杀死自己体内所有的懒惰细胞才行。

再举一个简单的例子，譬如你习惯了早晚各刷一次牙，有一天忽然看到了一则非常有趣的新闻，说的是某位名人因为坚持每次用餐之后清洁口腔，到了 70 岁一口牙齿依然保持完好、光洁如新，于是动心了，决定每天吃完午餐之后也去刷牙。这本来是一个非常容易执行的小目标，但是真正实践起来你会发现，一切都不像预想中的那样容易，坚持了一段时间之后，你又恢复到了原来的生活模式——每天只刷两次牙。原因在于多刷一次牙意味着改变你所熟悉的生活模式，这会让你感到不适。此外，多刷一次牙意味着多付出一些辛劳，虽然这点辛劳微不足道，但对于生性懒惰的人来说，它依旧是难以容忍的。

每天多刷一次牙的目标都不容易实现，更不要说难度系数更大的目标了。很难想象一个贪图安逸的人，能顺利完成提高工作效率或是创造更高业绩的目标。这就好比你已经习惯了以匀速直线运动慢慢走路，忽然逼迫自己要以加速度奔跑，可以想象，在那样的情形下，你的身体和心理都将感到极为不适。向懒惰开战并非易事，所以能高效完成目标的劳模数量总是少之又少，而平凡如你我的芸芸众生，总是一如既往地将目标搁浅，继续过着不温不火、不疾不徐的小日子。

刘宽本是一名高才生，在校的时候不仅学习成绩优异，而且还写得一手好文章，可谓是一个才华横溢的青年人，但毕业以后他的境况却连班级里排名倒数的同学也赶不上。这是为什么呢？究其原因，主要是因为他太懒。因为不想奔波，他随意找了一份工作便安定下来了，成了一家小型企业的办公室助理，工作内容非常简单，无非是负责收发信件、打扫卫生和端茶倒水。

看到同学一个个混得风生水起，刘宽有时也不甘心，也曾制定过让自己更上一层楼的宏伟目标。不过他已经习惯了目前这种闲散生活，舍不得走出这个如鸡肋一样的小世界，更是不忍离开这种安宁舒适的氛围了，因此所有有关晋升、跳槽的计划统统搁浅了。他也想过利用闲暇的时间动笔写写文章，可是每次提起笔，他的思路就被阻断了，脑海里徘徊的都是怎么泡茶看报纸的画面，结果大半天也没有写出几行字来。

刘宽虽然现在很舒服很享受，但有时也会感到焦虑，人无远虑必有近忧的道理，他当然明白，对孟子《生于忧患，死于安乐》中的千古名句仍记忆犹新，可是若要他放弃目前的生活几乎是不可能的。而今的他已经成了温水中青蛙，极其贪恋那种洗热水澡的美好感觉，即便知道逐渐加高的水温会给自己带来危险，他也照旧乐此不疲。

懒惰是阻碍我们实现目标的绊脚石，若要改变现状，我们必须主动突破心理舒适区，主动勤快地去做一些力所能及的事，逐渐改掉懒惰的毛病。当然，要让懒惰的自己突然变得勤奋起来是一件非常不现实的事，我们不妨制定一些小目标，逐渐培养自己勤劳的特质，一点一点地蚕食懒惰的细胞，以便日后能以勤勉的态度完成更大的目标。那么，制定什么样的目标合适呢？

1. 尝试一条新的路线去上班。

最好是比原来的路线稍远的路线，以保证自己上班不迟到为宜。多坐几分钟公交、地铁，多走一段路，既可以让你锻炼身体，又能让你在奔波的过程中战胜懒惰的恶习，何乐而不为呢？

2. 每天学做一道新菜。

如果你是一个标准的懒人，可能从来都没有下过厨房，也可能每天总是重复着几样简单的家常菜，比如西红柿炒鸡蛋之类，变着花样做菜不仅能让你吃得更营养更健康，还能让你在改变饮食结构的同时改变生活方式，最重要的是它能让你变成一个勤于动手的人。

3. 每天在浏览网站时抽出时间阅读一篇好文章。

在这个信息大爆炸的时代，网络作为信息交流的载体和平台，给我们的生活提供了很多的便利。但是绝大多数的人都没有学会好好利用网络资源，平时上网大多是为了浏览娱乐新闻，如果你能每天抽空认真阅读一篇好文章，就能逐渐使自己从慵懒散漫的状态中解放出来，假如恰巧读到了有关克服懒惰恶习的好文章，则可以尝试着运用其中的招数武装自己，也许某个招数就能对自己奏效呢。

4. 电梯无故障时，尝试着爬楼梯。

电梯能给人带来上上下下的享受，人们只要轻轻触摸一下按钮，就能直接被送到家门口。如果你能放弃这种便利，尝试着气喘吁吁地爬几次楼梯，就能从精神意志上战胜懒惰。把爬楼梯当成一种锻炼身体的机会，当成一种乐趣吧，虽然你的身体会感到很疲惫，但精神将格外舒畅，因为热爱运动的你早已克服了懒惰的毛病了。

为什么道理都明白，就是做不到

小薇大学攻读的是热门专业会计学，刚入学没多久，她就听到上届的师哥师姐们抱怨如今会计不好找工作，大多数企业只招一个财务人员，而且要求具有相关工作经验，很多学会计的应届毕业生面临着毕业即失业的困境。小薇迷茫了，产生了转专业的想法，她不知道自己转向什么专业，只知道自己对英语有点兴趣，于是就报了一个英语口语班，坚持学习了半个学期。

在苦练英语口语的同时，她为自己制定了若干个目标。第一个目标是利用业余时间做兼职翻译，以此来积累一些工作经验，为以后的就业做准备。第二个目标是每天晚上坚持跑步，一定要把自己的体重控制在 96 斤左右。她相信只要拥有了苗条的身材，自己就会自信很多，这对以后找工作是大有好处的。

小薇很清楚自己的人生目标，也知道自己想要什么，她阅读了很多书籍，脑海里储满了大道理，平时喜欢引经据典与同窗交流，可悲的是她成功说服了别人纠正了别人的错误行为，却无法用书中的道理改变自己。比如她经常教育别人要言必行行必果、做事要持之以恒等等，但自己却做不到。

她已经将自己的目标全部说了出去，并发誓一定要做到。可是一到课业紧张的时候，她就改变了主意，把做兼职的计划一再向后拖延，以学习太累为由放弃了跑步的计划，大学期间，最重要的两大目标就这样被搁浅了。小薇感到很困惑，大道理她都懂，她也知道自己该做什么，可是为什么到头来自己却做不到呢？难道这就是古人所说的知易行难吗？

你是否常有过这样的体会：偶然听到一番颇有哲理的话，顿时如醍醐灌顶，心境豁然开朗，觉得自己以前的人生白活了，今后一定要好好规划未来，于是心血来潮地写下了一个又一个新目标，可是没过几天，发现自己已经被打回原形了，不知不觉就恢复老样子了。甚至于自己陷入困境时体悟到的某种人生道理，最终也没能让自己脱胎换骨。比如把事情搞砸时，脑海里反复回响着“绝不能在同一个地方跌倒两次，绝不能重复上一次犯过的错误”等大道理，可是真正遇到类似的情况时，却又不知不觉地犯下了同样的错误，看来那种关于“人不会两次踏入同一条河流”的说法在现实生活中其实是一个谬误。

当我们像小薇那样把听到、读到、体悟到的道理分享给别人的时候，觉得那些大道理并不深奥，实践起来也没有什么困难，可是真要依言照做的时候才忽然发现原来完全不是这么回事。道理说起来是很容易的，领悟起来也很容易，但是要转化成实际行动，就是两码事了。这是为什么呢？为什么道理我们全懂，但却始终做不到呢？

知道理、懂道理却做不到，主要有两点原因。

一是我们对道理只是浅尝辄止，并没有掌握道理的精髓，因此无法使其指导自己的人生。比如人人都以为自己非常了解时空的概念，可是对它的了解只是浅层次上的，事实上除了爱因斯坦、霍金等少数物理学家外，并没有多少人真正深入地了解时空。道理也一样，我们听了千百遍的大道理或是脱口而出的哲理，其实只是皮毛上的认识而已，我们并不清楚它所蕴含的深意和内涵。

二是我们只是在理性上承认道理的正确性，但是潜意识中那个非理性的自我不肯接受理性的安排，动辄就发脾气、闹情绪，阻挠我们的行动。不可否认的是，人是感性的动物，很多时候，理智都会让位于情感，当我们的大脑和躯体被感性驱使或操纵的时候，一切的道理都失灵了，除了反其道而行之以外，我们似乎不会有其他的反应。

为什么我们用各种大道理激励自己，却离目标渐行渐远？为什么别人动之以情晓之以理，成功地说服了我们，却没能让我们更好地完成目标？为什么被奉为金玉良言的道理在我们身上不起作用？所有的问题都跟以上两点原因有关。那么，我们该怎么做才能改变这种状况呢？

首先，我们要学会将理论和现实结合起来，不要过度沉迷于书本上的描述，也不要让道理止于言谈，而要以自己的亲身经历重新体悟那些富有哲理的语言。譬如你想践行荀子在《劝学》篇中提到的“锲而舍之，朽木不折；锲而不舍，金石可镂”的道理，可以设立一个略有难度的长期目标，然后持之以恒地坚持下去。这样就可以把自己的真切体验和名人箴言有效结合起来，对道理的领悟自然就深了一层，对行动的指导力自然也就增强了。

其次，我们要想方设法说服那个非理性的自己。很多人在执行目标的过程中，都会遇到这样的尴尬，明知道事情是正确的，但是就是没有办法照做。乍听起来，这是一句自相矛盾的话，就像一种缺乏逻辑的悖论，但是这样的事情却真真实实地发生了，而且遇到这种困境的人不在少数。这是怎么回事呢？这是因为你的大脑认为某件事情是正确的，但是它并不能完全主导你的行为，你的行为在很大程度上被认知模块操控着，而你的认知模块又受制于更强大的情绪模块。所以你不能只从理性层面说服自己，而要从感性上寻找突破口。

你的大脑认可了某件事情或某个道理，潜意识则未必这样认为。潜意识代表的是真实的本我，你绝不可以无视或忽略它的存在。平时要注意留心自己的潜意识，随时写下下意识的想法或者突然从心底里冒出的某个声音，将其整理在日记本上。全面深入地分析自己为什么会有这样的想法，弄清楚情感和理智的冲突，然后从感性的视角审视问题，从记忆库中提取相关线索，努力解决自己的心理冲突，克服重重心理障碍，最终想办法使感性认识和理性认知相统一。

目标实现不了，只是自制力不强

很多人认为，目标实现不了是因为青春的迷茫，不知道该傻傻地坚持，还是该狼狈地退出，可事实并不是这样。譬如你决定要在一个星期内看完一本专业书，刚刚打开第一页，发现里面的图片很养眼，忍不住用手机拍了下来，然后发到了朋友圈，等待点赞评论，等到和朋友交流讨论得差不多了，才发现天色已晚该上床睡觉了，结果那本书只停留在第一页上。

计划多背几个外语单词，心想以后跟外宾洽谈业务时也许能派上用场，探头望向窗外，发现时间还早，于是便想，还是看会儿电视剧吧，让大脑充分放松放松，也许背起单词来会更快呢。时间一分一秒地过去了，等到看到剧集的结尾时才发现已经深夜十二点了，学习的热情顿时熄灭，于是安慰自己说：明天再学吧，反正以后有的是时间。

下定决心要节食减肥，制定了 A 计划、B 计划等一系列计划，所有的计划在美食面前都没有招架之力，每次闻到甜点的奶香味都会馋得直流口水，紧接着，你把所有的瘦身目标都抛到脑后了，一边美滋滋地品尝着甜点，一边自欺欺人地安慰自己：减肥也不差这一顿。

可见，目标实现不了，并不是因为你内心太迷茫，而是因为你缺乏最起码的自制力。什么是自制力呢？从心理学角度讲，所谓的自制力就是一个人控制自己情绪和行为的能力。思想成熟、意志坚定的人通常具备较强的自制力，反之，心智不健全、意识薄弱的人大多没有自制力。淘气的孩子总是调皮捣蛋或者大哭大闹就是自制力不强的表现。其实，成年人的自制力有时候也跟小孩子差不多，比如放任自己抽烟酗酒，无所顾忌地大吃大喝，或是控制不了自己的言行。

很多人都有类似的感受，知道自己的目标是什么，也清楚每一步该怎么做，但就是控制不住自己，心里也知道自己不对，曾多次试图改变，但是就是做不到。每当做事时，总是莫名其妙地被其他事物所吸引，总是为了一些无关紧要的琐事劳神费心，从而导致了计划的延迟或中断。

林涛是一名大二的学生，在学校里他是一个学霸式的人物，每门功课学得都很好，成绩一直名列前茅，但是他却不是那种埋首书堆的书呆子，而是一个非常喜欢运动的人，操场上经常活跃着他矫健的身影。他尤其擅长打篮球，球技也不错，堪称名副其实的灌篮高手。

在同学眼里，林涛是一个高度自律的人，结束一天课程之后，他每天都会到球场上进行常规训练，然后回寝室看书学习，晚上十点按时休息。日复一日，年复一年，他的生活方式从来没有改变过。直到放寒假的时候，他才发现自己的自律能力没有想象中的那么强。作为学霸和校园篮球队的主力，林涛当然不愿意让自己宝贵的假期在玩乐中荒废了，他给自己制定了一个特别的计划，决定预先学习下学期的两门课程，每天至少花一个小时时间锻炼身体。

假期结束后林涛很沮丧，因为他的寒假计划泡汤了。头两天他只看了 5 页书，以后再也看不下去了，整个假期用于锻炼的时间累加起来都不超过 3 小时。为什么会这样呢？其实，学霸和普通人有着同样的困扰和烦恼，窝在沙发里午睡时，中午也常常起不来，以至于学习计划和锻炼计划都无法落实。由于早晨不必起大早赶着上课了，他改变了早起的习惯，生物钟完全被打乱了。

当林涛把自己的亲身经历告诉同学时，同学都不敢相信这是真的，因为在大家眼里，他就像军人一样自律，不可能早上懒懒散散起不来，也不可能像中老年一样中午打瞌睡，但事情就这样发生了。林涛说当他发现自己的自控力下降以后，既自责又不安，他狠狠地大骂了自己一顿，发誓一定要矫正自己错误的行为。没想到以后的状态越来越差，整个假期就这样荒废了。

自制力并不是与生俱来的，而是后天培养出来的，没有人天生具有强大的自制力，高度自制的人只是培养出了超强的纪律性和优秀的习惯罢了。在某些情况下，非常具有自控力的人也有可能变得散漫放纵，以至于使计划搁浅。譬如一名高中的学霸在备考前时刻处于巅峰状态，每天精神抖擞地奋战，可是等进入大学校园以后便判若两人，不仅学习劲头大不如从前了，还养成了熬夜看剧、暴饮暴食等毛病。又如一名有志青年在创业初期奋发图强，每天吃着方便面和基层员工奋斗在一线上，但是等公司发展稳定以后，就再也没有当初的冲劲和干劲了，每天很晚才到公司巡视，比起走动管理，他更喜欢坐在软皮椅上发号施令，计划一再被拖延，目标总是迟迟得不到落实。

为什么控制自己就这么难？这是因为人的自制力是有限的，它就像肌肉一样可强可弱，力量总有耗尽的时候。当你刚刚进行完剧烈运动或是刚把重物搬到屋子的时候，可能累得腰酸背痛，精疲力竭，连举起一杯水的力气都没有了，这是因为你的肌肉力量全部消耗殆尽了。自制力也一样，也处在不断的损耗中，也有耗尽的时候，你每拒绝一次诱惑，逼迫自己抵制琳琅满目的商品，抵制新剧、游戏，抵制诱人的美食，你的自制力就耗损了一分。当你的自制力被消耗光了，你就再也没有力量对抗诱惑了。

自制力不强或正在减弱并不可怕，因为它就像肌肉一样是具有弹性的，肌肉越用越发达，即使酸痛难当、没有一点力量了，假以时日便可恢复。人的自制力具有很强的可塑性，你可以给自己设立一个新目标，从改掉一个坏习惯、培养一个好习惯入手，依靠惯性的力量提升自己的自制力。纠正坏习惯是非常消耗时间和精力的，它需要你跟过去的恶习反复拉锯。在欲望和弱点的搏斗中，没有人能帮得了你，你只能反复激励自己，不断给自己打气。

要接受自己是个凡夫俗子的事实，不要因为完不成目标而责骂自己，因为自毁情绪会毁掉你。告诉自己："你只是个有血有肉的普通人，像其他人一样，你也有脆弱的时候，这次没把事情做好，没关系，下次可以做得更好。"尝试着用信念作为鞭策自己前进的动力。告诉自己，想要成为更好的自己，就必须学会自控。你的信念越强烈，你所要忍受的蜕变的痛苦就越少，反复无常的可能就越小。端正心态以后，想要成功控制自己就没有那么难了。

眼睛总盯着困难，什么也做不成

有一位父亲很是苦恼，因为儿子身体孱弱，手无缚鸡之力，一点男子汉的气概都没有。为了让儿子在增强体质的同时，增加一点阳刚之气，他找来了一名拳师来训练儿子，希望通过刻苦的习武训练，能让儿子脱胎换骨，成为一个身体健朗、顶天立地的男子汉。拳师对这位父亲说："只需要给我半年时间，我就能把你的儿子训练成一个真正的男子汉。"

转眼半年时间到了，拳师为了让这位父亲了解孩子的训练情况，特意安排了一场拳拳到肉的拳击比赛，与孩子对打的是武术界的一名非常有名的教练。结果那名教练一出手，男孩就被打倒在地。显然两者实力相差悬殊。男孩却不管这些，跌倒了立刻爬起来再打，被打趴下了再挣扎着站起来，继续接受挑战。在非常短的时间里，男孩被击倒了 20 多次。

比赛结束后，拳师问男孩的父亲："你认为你的儿子现在是不是很有男子汉气概?"那位父亲羞愧地说："想不到我的孩子这么没出息，练拳练了半年了还这么不经打，哪有半点男子汉气概呢?"拳师说："你只在乎表面的胜负，却没有看到你的儿子每次被击倒之后都能立即站起来再战，这种毅力和勇气，只有真正的男子汉才具备。"

生活中，我们常听到这样一句格言："前途是光明的，道路是曲折的。"意思是没有人能随随便便实现目标，因为在执行计划的过程中，人们总是会遇到各种各样的困难和阻力，以致很多的计划最终都破产了。我们只有像故事中的男孩那样不惧困难，积极应对每一次严酷的挑战，才能将心中的目标转变成美好的现实。

其实，胜负成败并没有那么重要，因为成与败都不是最后的结局。真正的高手只专注于目标，而不是困难，他们不在乎自己把事情搞砸过多少次，只想着如何提升自己、超越自己，下一次如何做得更好。我们都非常熟悉爱因斯坦的故事，在手工课上，他因为捧出了一只做工粗糙的板凳受到老师的责难，就在老师批评他朽木不可雕时，他拿出了两个做得更差的板凳，说："这个比前两个好多了。”是的，虽然这只板凳依然很糟糕，但和之前的两个相比，已经有很大进步了，老师意识不到这一点，但爱因斯坦意识到了，因为他每天都在努力克服困难，不断地提升自己。

心理学家认为“当你手握锤子的时候，看什么都像钉子”。这是一种普遍的思维定势，就像在警察眼里，所有目光躲闪的人都有犯罪倾向；在老师眼里，所有不守规矩的学生都是差生一样。一个人如果过分专注于困难，满眼都是困难，就算是最简单的目标也实现不了，更不要说取得什么长足的进步了。比如每天甩手三百下是一个轻而易举就能实现的目标，但是在大哲学家苏格拉底门下，能坚持一年这样做的，只有柏拉图一人，其他人为什么全都中途放弃了呢？可能是克服不了懒惰的毛病，可能是因为缺乏毅力和恒心，不过少有人愿意将原因归结到自己身上，多半会夸大困难以减轻自己的挫败感和负罪感。

每当制定一个新目标的时候，我们总是满怀信心，热血沸腾，可在具体执行的过程中，所有的计划都不知不觉走了样。譬如原本打算每天抽出半小时阅读名家经典，以此来不断丰富自己的内涵，逐渐提升自身的修养，起初还能勉强坚持，没过多久，便把阅读时间让给了游戏、玩乐或其他事情，事后总能找出一大堆借口，夸大自己所遇到的困难，说自己工作太累需要休息娱乐，或者说天气不佳没有心情阅读等等。计划通常就是这样被搁浅的。

诚然，实现每一个目标都会有这样那样的困难，这就好比前进的物体都会遇到摩擦力和阻力一样，但是这并不意味着物体受到一点阻挠，就会永远停止前进，事实上，哪怕以最慢的速度、微小的步伐，它也会一步步朝着自己的目标方向迈进。人亦如此，是不是能在最短的时间内圆满地完成目标不重要，重要的是每天都在进步，每天都在成长，每天都离目的地又近了一步。

如果你不想纸上谈兵，不想让自己的目标成为镜花水月、海市蜃楼，首先就要做到的是停止找借口，停止找理由，把目光从困难中移开，把所有的精力都聚焦在目标上，以不达目的不罢休的心态认真对待每一个目标，直至完成所有目标。如果你一时不能完成难度系数太高的目标，可以尝试着从最简单的事情做起，每天设立一个易于达成的小目标，通过点滴的进步来鼓励自己，培养出了足够的耐力、勇气和信心，再去挑战更有难度的大目标。

没有人能为你买单

人是社会动物，每个人都希望得到多数人的喜欢、接纳和欣赏，受到夸赞时，都会心花怒放，受到批评和质疑时，都会闷闷不乐。所以无论遇到什么事情，我们都喜欢咨询别人，小到走哪条路线去商场购物，用什么服装搭配妆容，用哪款领带凸显自己的气质风采，大到升学、择业、婚姻以及各种关乎命运走向的人生大事，总以为按照大多数人的想法去做最保险。可事实却恰恰相反，别人的意见只能作为参考。假如因为别人不赞同你的目标和追求，你就修改目标迎合他人，那么，你一辈子是什么事情也做不成的。

不管你的目标是什么，决定权在你，你若是把决定权交给了别人，就永远也实现不了一个有价值的目标。在行动屡屡失利后，你是否认真思考过，为什么你的目标总是无法达成？是因为你不够努力吗？还是因为目标难度太大？或许都不是。也许最根本的原因在于你自己拿不定主意，举棋不定之际总在听别人七嘴八舌地议论，结果因为信息超载被搞得晕头转向。

我们都非常熟悉这样一则寓言故事：一对父子牵着驴子到市场

上卖，由于路人的指手画脚，他们不停地改变出行的方式，一会儿儿子骑驴，一会儿父亲骑驴，一会儿父子双双骑在驴背上，无论他们怎么做，总有人能找出数落他们的理由，最后父子俩只好抬着驴子赶路，让人看了哭笑不得。这则故事告诉我们，过度听信别人的意见，你永远也无法做出正确的判断。别人给出的参考建议越多，你的目标就越混乱，实现目标的可能性就越低。

有时候你或许感到很无助，不知道该怎样做决断，于是总想依靠身后的亲友团或智囊团，认为那些比你有能力比你有阅历的人，一定能为你设计出一条最完美的出路，殊不知，适合别人的路未必适合你，就像中等号码的鞋子未必适合你的脚一样，你未来的道路只能由自己来选。不要养成事事都让别人当参谋的习惯，如果你对某个人或某个群体形成了依赖感，终有一天你会发现离开别人，你将寸步难行，这种情况无论对于谁来说，都是危险的。

安阳有位朋友刚从美国回来，两人阔别多年，彼此甚是想念。为了做好东道主，安阳特地找了一家高档饭店为他接风，席间两人交谈甚欢，可是等到了结账的时候，却因为生活理念的不同闹出了不愉快。安阳个性豪爽大方，早就表明了这顿饭由自己请，可朋友非要AA制，坚持要自己付账。

既然朋友执意要如此，安阳也不好说什么，只好各自付各自的账。回到宾馆的路上，朋友察觉到了安阳的不快，便很直率地问他："你是不是觉得我非要AA制是不给你面子。"安阳觉得既然两人交情深厚，也没有必要刻意隐瞒什么，便点了点头。朋友没有再提付账的事，而是给他讲了一个故事。

在威斯康星的一所中学里，一个美国孩子和一个中国孩子约好一起去爬山。为了挑战大自然，磨砺自己的意志，他们选择了比较陡的山。爬到山顶的时候，都感到无限快意，到了下山时，他们才意识到自己面临的危险。山体的岩石由于风化作用，发生了坍塌，两个孩子失足跌落下来，被困在了一块巨石的两边。美国孩子被碎石砸伤了，他判断，一条腿可能骨折了。

天色很快暗下来，黑暗即将笼罩大地。两个孩子感到又冷又饿，他们看不到彼此，也不知道对方在哪里，没办法互相打气。美国孩子意识到他必须自救，没有人能帮助他，除了依靠自己的力量走回去，他别无选择。他尝试着用手支撑身体，一点一点地向前爬，受伤的腿不停地流血，每动一下便撕心裂肺地痛，他顾不得那么多了，一边大口地喘着气，一边匍匐着爬行，期间多次从松动的岩石上跌落。最终他克服了常人难以想象的困难，就这样一步一步爬回了小镇。

他冷静地讲述了自己的遇险经历，并告诉救援人员有个中国孩子现在还被困在山里。美国孩子被送进了医院。救援队发现中国孩子的时候，发现他已经虚弱得奄奄一息了，假如救援人员再迟来一会儿，这个孩子就有丧失生命的可能。

故事讲完了，朋友问安阳："你知道为什么美国孩子能自救，而中国孩子只能在绝望中等待吗？因为美国孩子从小就习惯了AA制，他们的父母很早就告诉他们，在这个世界上没有人能替你买单，你的父母不会，你最亲密的人也不会，你必须靠自己。"安阳明白了，从吃饭这件小事上，美国孩子养成了自强自立的性格，而中国孩子因为习惯了让别人买单，在关键时刻往往不知道该怎么办，总想着依靠别人解决问题。

的确，没有人能永远为你买单，你要学会对自己的人生负责。父母、长辈、朋友都不能成为你永久的依靠，他们并不能代替你体验人生，更不能替你走完人生的全程。如果你已经意识到了问题的严重性，但是却无法摆脱自己的依赖性，就可以尝试着从独立做一些小事开始。制定一些简单易行的小目标，比如一个人到郊外进行几次短足旅游，独自参加一项社区活动等等。通过独立做事，慢慢培养自己的勇气和信心，逐渐改变过度依赖他人的弱点。

把坏情绪扼杀在忙碌中

不知道你是否有过这样的体验：忽然之间心情很糟糕，不想出门，不想上班，什么事情都不想做，举箸提笔，表情恹恹，莫名其妙地伤春悲秋，仿佛眼前的世界沦陷了一般。在这种状态下，你还能期待自己完成什么了不起的计划、顺利达成目标吗？显然不能。再理智的人也有受感情支配的时候，一旦情绪出现了问题，身体的发动机就跟着出故障了，想要重新启动，就必须把郁积在身体里的情绪垃圾排解出去，否则体内所有的零部件都要罢工，到那时你还怎么如期完成预期目标？

心理学上把悲伤、愤怒、紧张、焦虑等各种情绪统统称为负面情绪，当你积攒了很多的负面情绪，自己又无法消解的时候，就有可能憋出“内伤”。心理学家认为，短暂的情绪波动是正常的，每个人都有自己的喜怒哀乐，没有人可以真正做到心如止水。一种情绪从产生到高峰再到消亡的过程类似于抛物线，正常情况下，它是很短暂的。假如某种情绪总是以爬楼梯的方式上升，违背了抛物线规律，那么一定是由于某种原因给它增加了更多的负能量。

情绪反刍是让负面情绪愈演愈烈的一个重要原因，它指的是你总是忍不住反复回想反复体味过往的不快，结果搞得自己情绪越来越糟。情绪反刍本质上类似于胡思乱想，就像反刍动物一有空闲便反复咀嚼已经嚼烂的食物一样。在这个过程中，你当然不能获得任何正能量，因为没完没了地强化负面记忆，只会让你的心情越来越差。

米兰·昆德拉说过："人类一思考，上帝就发笑。"可见思考过多未必是件好事。如果你满脑子都是负面想法，还不如不思考。那么，如何才能控制情绪反刍和负面思考呢？答案很简单，让自己忙碌起来。美国作家雷蒙德·卡佛说过："我相信工作的价值——越辛苦越好。不工作的人有太多的时间沉溺于自己的烦恼之中。"这里的工作并不是指狭义的上班、完成工作任务，它可以是某种劳动，也可以是任何一种能让你忙碌起来乐此不疲的事，总之，只要你让自己的机体正常运转起来，使你的身心被其他事情占据，情绪垃圾就会不知不觉被排解出去了。

在特殊情况下，忙得没时间思考并不是一件坏事。因为太忙，你没时间回味失恋的滋味，没有时间反复舔舐伤口，不会再没完没了地往自己尚未结痂的伤疤上撒盐。在你用尽了各种办法，都没有成功把自己从负面情绪的旋涡中拉出来的时候，不妨找一件热火朝天的事情来做，痛痛快快流几场汗，感受一下健康的疲倦，总比闲下来胡思乱想要好得多。

琼斯在和男友分手以后，感到格外沮丧。她没有心情上班，没有心情做晚餐，每天都精神萎靡的，做什么事都提不起兴致。年初的时候，琼斯制定了很多计划，设立了好几个富有挑战性的目标，可现在不在状态，根本就没有办法执行了。她脑子里很乱，总是在一遍遍回忆男友绝尘而去的一幕，结果越想越难过，更是没有心情做事了。为了转移注意力让自己暂时忘记痛苦，她辞掉了工作，来到了一个陌生的城市，白天在餐馆里做女招待，晚上到酒吧打工。

琼斯太忙了，忙得没有时间悲伤，没有时间思考，甚至一度忘记了自己的存在。白天她忙得团团转，虽然身体很劳累，但心情却很愉快。晚上，她同样忙得一塌糊涂，酒吧里熏醉的气息和那种躁动不安的气氛并没有影响到她。她热情地把一杯杯白兰地、威士忌递给客人，简单地打过招呼之后，又去为别人服务了。琼斯不再为失眠所苦，不再莫名忧郁，精神一天天好起来。后来她回到了自己生活多年的城市，找到了新工作，又有了新的计划和目标，这次她没有半途而废，顺利地达成了所有的目标。

有时候，忙碌是最好的解药，“没时间”是一种特殊的自我保护方式。也许你会认为忙得晕头转向会让人思维僵化、情感麻木，这样做只是自我逃避罢了，无助于问题的解决。可是这样做确实可以让你在最短的时间内从负面情绪中走出来，促使你在最后期限到来之前完成目标。要知道，解决问题并非一朝一夕的事情，人的情感和思想是复杂的，如果你不能及时地处理好自己的情绪问题，很多重要的事情都将被耽搁。

忙碌未必会让人麻木不仁，只要你乐在其中，便会感到充实、快乐，根本不可能丧失对外界的感知能力。事实上，只要你从事的不是刻板无聊的机械式劳作，就算忙得焦头烂额，也不至于变成一架没有知觉的机器。将你的追求、热忱、情感投入进去，苦役也会变成美差，高高兴兴地迎接忙碌的一天，总比苦着脸自怨自艾要好。

没有一种胜利，是轻松赢来的

人是一种非常奇怪的动物，一旦将自己的目标详细地列好，或是完成了计划的一小部分，就仿佛所有的事情都已经做完了，只想停下来庆祝，不想再继续行动了。这是为什么呢？心理学研究表明，大脑会对完成目标的可能性感到无比兴奋，错把这种可能性当成了现实。也就是说有时候，我们的大脑会产生错觉，扰乱我们的判断，促使我们由于过度乐观，提早躺在功劳簿上睡大觉，进而阻碍目标的达成。

也许你会感到奇怪，因为人们通常认为悲观是达成目标的拦路虎，乐观有助于目标的完成，乐观情绪怎么可能阻碍目标的实现呢？仔细了解一下心理学家的研究，你就会明白这样的事情是怎么发生的了。心理学家曾经针对节食者做过这样一项研究，他们告诉一些节食者他们的体重减轻了不少，节食已经有了成效，接着拿出苹果和巧克力作为庆贺的礼物，结果85%的人选择了高热量的巧克力，而不是有助于保持身材的苹果。而另外一些没被告知减肥初见成效的节食者中，仅有58%的人选择了巧克力。

另外一个研究发现，考试前花费了大量时间复习的学生，很有可能因为自我感觉良好，提前松懈下来，花费整晚的时间跟朋友比赛喝酒，置尚未完成的学术目标于不顾。种种迹象表明，在很多时候，人们会倾向于把进步当成放松的借口，这就意味着你刚刚前进了一小步，没过多久就会因为提前获得了某种满足感，而后退两大步。譬如你正有计划地存钱，刚刚有了一笔积蓄，就想到商场购物来奖励自己。

再比如你正忙着整理文件，计划在一周内完成某个目标，工作刚取得了一点进展，你便提前放松了神经，满脑子想着早点回家看球赛的事情。那时的你好像是处在一种分裂状态，似乎面前有一位天使轻声鼓励你，督促你继续前行，背后却有一位魔鬼欺骗你说胜利已经遥遥在望了，不必再那么辛苦地努力，不如停下来庆祝一番。可悲的是在多数情况下，你都会听从魔鬼的召唤。所以在恭喜自己取得一些进展的时候，你必须三思，只要目标一天没有达成，就不可松懈下来，哪怕已经完成了百分之九十九的进度，也不能提前放松。

杜梅计划在一个星期内完成策划案，前几天工作进展得相当顺利，她找到了大量可靠的数据，想出了不少有说服力的营销方案，眼看一套成熟的策划案就要成型了，孰料因为最后一天的收尾工作没有做好，她没能在规定的期限内把策划案交给客户。交稿的最后一天，杜梅觉得胜券在握了，没有心思继续工作了，一会儿想着到商场买高跟鞋，一会儿想着下班之后做一顿丰盛的大餐犒劳自己，一整天都没有做成什么事，文件夹里只有一堆没有整理好的散乱资料，策划案只是写了一个开头而已。

下班以后，杜梅花了两个小时做饭，做了好几道拿手菜，还特意开了一瓶红酒，美美地吃了一顿后，她又看了两集电视剧。等到片尾曲响起的时候，才忽然意识到策划案只完成了一部分。抬头看看表，已经深夜十一点了，就算是熬通宵也完不成了。杜梅心想现在赶工已经来不及了，不如明天向客户说明情况，请对方多宽限几天。

即使你是一个非常善于规划的人，喜欢把所有的事情列成清单，做事总是有条不紊，也有可能由于过度乐观的原因，使得很多目标难以如期执行。回想一下，当你踌躇满志，把所有的事情都规划得井井有条的时候，是不是觉得自己很棒？即便你什么也没做，心里是否已经提前有了某种满足感？其实，有这样的感觉是很正常的，因为列清单这样的举动通常都会使人产生如释重负之感，它会让你把头脑中规划的事情误当作完成的事情，在这种错觉的驱使下，你会误以为自己已经为了目标付出了必要的努力，而事实上你什么都没有做。

过度乐观的估计，会使你离目标越来越远。关注自己的进步，可能会给你带来激励，也可能会促使你做一些背离目标的事情。譬如你在锻炼身体或者学习的过程中，觉得自己已经取得了很大的进步，那么极有可能第二天终止训练或学习，把时间花费在玩乐上。

为了防止这种情况的发生，你必须始终紧盯着自己的目标，不给自己停下来的理由，一鼓作气坚持下去，直到目标达成才能允许自己松口气。在执行目标的过程中，千万不能掉以轻心，也不能提前享受成就感和荣誉感，因为没有一种胜利是轻松赢来的，如果你尚未成功，就懒洋洋地停下来享受了，那么你的目标便无法完成了。迈出万里长征的第一步是一件好事，正所谓千里之行始于足下，但是如果刚刚起步就误以为自己已经征服了长城就不可取了。没有走到目标的尽头，就不要提前欢呼，要知道笑到最后的人才是赢家。

审视目标，是不是自己真正想要的

对于有些人来说，目标只是一个愿望罢了，可以实现，也可以不实现，内心深处对它的期望并不是很高。每一个成年人在吹生日蜡烛或者对着滑落的流星许愿时，从来没有奢望过愿望能够实现，也没指望过它能给自己的人生带来改变，所以根本就不会为之付出任何努力，在这种情况下，目标只是脑海里的愿望罢了，永远不可能转化为现实。

在内心深处，你为什么不愿付出努力实现目标呢？答案很简单，现阶段的目标并非是你真正想要追求的目标。你可能是把别人的目标当成了自己的目标。审视目标时，你不妨问问自己，这个目标真的是你希望实现的目标吗？它是不是你父母或爱人所期望的，是不是你的朋友或老板所期望的，是不是芸芸众生想当然认为的？它很有可能是你父母、爱人、朋友、老板或大众的目标，而不是你渴望实现的目标。

如果它真是你想要的，即使实现之后得不到任何好处，即使全世界都反对，即使前路布满了荆棘和障碍，你依然会愿意为之倾尽心血和努力。倘若它不是你内心想要的，就算所有人鼓励你去做，目标本身又能给你带来名利、财富等种种好处，你也有可能无法坚持。所以最明智的做法是认真倾听自己内心的声音，不要跟自己过不去。

小岩已经26岁了，但是仍然搞不清楚自己究竟想要什么，也不知道要找什么工作，怎样安排未来的生活。他学历不高，又没有技术和特长，平时也没什么爱好，真的不清楚该何去何从。他就像一棵枯萎的树，不晓得该从哪里吸收养分，失去了向上生长的力量，内心无比茫然、无比失落。

家人希望他去学平面设计，给他报了一个培训班，他学了一段时间感到很吃力，就放弃了。父母骂他没出息，他也觉得自己是个失败者，心情无比黯然。朋友说他之所以找不到目标是因为社会阅历太少，多到外面看看多一些体验，就能弄清自己想要什么。小岩觉得朋友说得很有道理，便简单地收拾了一下行囊，跟着朋友风尘仆仆地去了拉萨。

他看到了蔚蓝的天空和澄碧的湖泊，看到了美轮美奂的布达拉宫，那里美得令人窒息，让他瞬间爱上了旅行的感觉。可是这种生活对他来说充其量只是度假罢了，他不可能把以后的时间都花费在旅游上。朋友的境况和他是不一样的，人家既会摄影，又会写文章，可以边旅游边给杂志写稿，他什么也不擅长，在他看来，旅行只是有利于放松身心罢了，并不能帮助他找到方向。

当他把自己的真实想法透露给朋友时，朋友说："不要这么悲观，你还这么年轻，学习能力又强，无论想干什么都能干成。"他受到了鼓舞，开始向朋友讨教摄影和写作的技巧，并制定了一个目标，决心做一名出色的撰稿人。起初，他热情十足，拍了很多照片，也尝试着写了好几篇文章，可是没过多久就坚持不下去了。他没有动力去实现目标，觉得是否能做成撰稿人并不重要。

他确实喜欢旅行，喜欢欣赏美景，可是当他决心成为撰稿人之后，每次驻足观赏自然风光或是人文景致，脑海里总在想着怎样用图片或文字表达眼睛所看到的一切，这样赏景的兴致就全被破坏了。他尤其讨厌这种感觉，所以跟着朋友东奔西走去了好多地方，也没写出一篇像样的稿件。

如果你像小岩那样总是错把别人的目标当成自己的目标，无法弄清自己的真实想法，就不妨给自己放一天假，花一整天的事情来思考这个问题。问问自己别人想要的是否就是你真正想要的。拿出纸笔，迅速捕捉脑海里的念头，逐一写下自己想要实现的目标。

你可以这样写：我想要一份收入不错又能学到东西的工作，最好是跟自己的兴趣相契合；我想找一个温柔可爱的女友或体贴的男友，两人要有共同的爱好，他（她）最好能知我懂我；我想有一所房子，不需要太豪华，也不需要面积太大，但环境要足够温馨，重要的是能一眼带给我家的感觉；我想要一个贤惠大方的妻子或有担当有责任感的丈夫，两人最好要相濡以沫、白头偕老；我想要一个聪明伶俐的孩子，不能太调皮也不能太呆板，最好既懂事又活泼……

也许你觉得内容太过宽泛，写下了无数个人生目标，就是找不到真正能让自己怦然心动的东西，思绪再次陷入了迷茫中，这是因为你的思绪太发散，没有弄清自己最想要的东西。遇到这种情况，你可以从相反的角度来考虑问题，先写下自己最不想要的生活，然后运用逆向思维弄清自己的欲求。有时候你很难马上判断出某些东西是不是自己想要的，这就好比你漫无目的地沿着货架闲逛时不知道自己该选哪件商品好，但是如果你反感一件东西，心里是有答案的，别人把你讨厌的东西强加给你时，你会立即断然拒绝。利用事物的对立面，排除掉所有令你反感的东西之后，你选择的范围就大大缩小了。

接下来，请想象假如明天就是世界末日，今天你将怎样度过？如果太阳不再升起，你会怎样安排自己短短一天的生活？你会发现以前忽略的很多美好的东西浮现了出来，觉得家人和亲情尤为可贵。所有的雄心壮志在平凡的温情面前都显得微不足道，这时你已经还原成了一个有血有肉的普通人的形象，而不是被媒体被学校教育出来的样子，在这种情况下，你通常能排除一切外界的干扰，找到自己真正想要的东西。

心中有远方的人，不会困于眼前的苟且

商品社会，人们总是希望以最小的付出获得最大的回报，在最短的时间内取得最大的成果。不少人做着一夜成名、一夜暴富的美梦，商家利用人们急功近利的心理，做了无数虚假广告，不是承诺可以让你日进斗金，就是向你许诺两周之内可以让你隆起的小腹变得平坦，人们一次又一次被蛊惑被欺骗，却依然不清醒，这实在很可悲。

很多人因为只能看到眼前诱惑，看不到长远目标，结果做了很

多杀鸡取卵的蠢事。比如有的教授发表论文只求数量不求质量，写东西经常粗制滥造，以至于在学术上没有任何突破；人类为了发展经济，污染环境，过度开发自然资源，破坏了自己赖以生存的家园；大学生刚毕业就想找到高薪工作，把大量宝贵的时间耗费在了人才市场上……

大量事实证明，短视的人是不可能实现长远目标的，他们甚至连短期目标都实现不了，因为心态太过浮躁，设定的目标太不契合实际。万达集团董事长王健林在畅谈短期目标时，曾放出豪言，鼓励年轻人可以设立一个小目标，就他本人而言，小目标就是先赚上一个亿。这样的目标，对于已经坐拥亿万资产的王健林来说，实现起来丝毫没有难度，但是对于广大年轻人来说无异于痴人说梦。创业之初，王健林是不可能设定这样的目标的。

一个初出茅庐的作家刚出第一本书，就希望这本书能狂销百万册，并能荣获诺贝尔文学奖，这样的目标恐怕是很难实现的；一个年轻人刚开始学习外语，就希望自己能担任同声翻译或外交大使，这样的目标充其量只是美好的幻想；一个肥胖人士，在三天内少吃了几块巧克力，就希望自己拥有模特般的傲人身材，这样的目标根本不可能变成现实。为什么你的期望总是一再落空，为什么很多事情总是事与愿违，为什么最后的结局总是和你预想的不一样？不是因为你没有能力改变现状，也不是因为你怯懦无能，而是因为你太心急了，还没有学会如何稳健走路，就想着迎风奔跑，还没有掌握奔跑的姿势，就想着凌云飞翔。以这样的心态做事，是什么事情也做不成的。

为了减肥小贝很想成为一名空姐，不过她深知自己的体重气质都不达标，为了实现愿望，她给自己制定了两个目标，第一个目标是在短短二十天内减掉 40 磅肥肉，第二个目标是每天读书，在一个月之内培养出蕙质兰心的气质。她相信今天会比昨天好，明天会比今天好，只要自己坚持一个月，任何目标都能达成。

为了减肥，小贝决定在未来的20天内，什么也不吃，只吃苹果，每天至少要减掉两磅肉。她采用的是减肥达人非常推崇的一种疯狂饮食法，俗称“苹果餐减肥疗法”。起初减肥还是有些效果的，虽然她没能每天减掉两磅肉，但是一个星期下来，人确实是瘦了整整一圈。朋友以为她病了，问她是否感觉哪里不舒服时，她在暗自窃喜。

由于每天的食材只有苹果，小贝的食欲越来越差，有时一整天只吃一个苹果就不想进食了，体重下降得很厉害，人也越来越憔悴、越来越虚弱。原本计划每天都要读几篇有内涵有深度的好文章，因为身体不适，她总是无法集中注意力，读着读着就分心了，满脑子都是鸡腿、冰淇淋的美好画面，每次馋得流口水的时候，她都会鼓励自己再坚持几天目标就达成了，到那时就能恢复正常的生活了，她将成为优雅美丽的空姐，轻轻松松地飞遍世界各地，让所有的女性都羡慕自己。

小贝度日如年地熬过了20天，再称体重的时候发现自己减掉了20磅肉，她不禁有些懊恼，因为她只完成了目标的一半。揽镜自顾的时候，她发现自己双眼无神，目光空洞，整个人看起来病恹恹的，不但没能使自己的气质得到提升，反而让自己看起来更糟了。她长叹一声，知道所有的计划都泡汤了，心情无比沮丧。

无论你想实现短期目标还是长期目标，都必须克服急功近利的心态，否则就有可能彻底迷失。那么，克服急功近利的方法有哪些呢？

首先要树立正确的观念，不要只盯着利益，要明白除了眼前利益外，世上还有更多美好的事物值得你去追求。譬如一个商人只在乎个人私利，不讲信誉，也没有社会责任感，一心想着在短时间内如何赚得盆满钵满，就有可能售卖假冒伪劣商品，做出很多损害商业信誉、自砸招牌的事情；再比如一名科研人员做事只为求名，就有可能因为学术造假而使自己的声明毁于一旦。这些都是急功近利惹的祸。一个人过于逐利，势必贪婪，所以从某种意义上说，静心是最好的灵药。心中有远方的人不会困于眼前的苟且，只看到生活苟且的人，永远达到不了远方的原野。要想克服急功近利的毛病，必须从心理根源入手，如此才能从根本上解决问题。

其次要克服从众心理。根据羊群效应的理论，群众天生几乎具有喜欢跟风和随大溜的习惯，很多人缺少独立判断的能力，看到别人蜂拥着涌入某个领域，根本就没思考过这个领域是否适合自己，便追随众人的脚步盲目地闯入，还妄想着在短时期内能出人头地，结果落得个一败涂地的下场。作为一个独立的个体而言，你必须培养出独立的意识，才能找到最适合自己的目标和最适合自己走的路。

再次，要看清自身的局限，认清目标的边界。长期以来，我们一直被灌输这样一种观念，那就是不要为自己的人生设限，只要肯付出肯努力，一切皆有可能。这样的励志宣言本身没有错误，但是不为自己设限，并不意味着无视自身的局限，让所有的目标变得没有边界。人类再狂妄，也不曾设立过触摸宇宙边缘的目标，因为迄今为止，绝大多数的科学家都相信宇宙是无极的。我们在树立目标时，不能期望抬手就能触到天空，而要认清作为一个渺小同时又具有无限潜力的个体，仍有许多力所不能及的事，这样就不会因为过度狂热而陷入盲目。

第三章

竖起你的目标灯塔

设定目标的过程就好比为自己的人生描画蓝图，你既要考虑整体，又要充分考虑局部和每一个细节，最重要的是你需要对自己的生活有所规划，对达成目标的过程、途径和方法全都了然于胸。你可以把目标看作一座宏伟的金字塔，认真了解每一层级的结构；你也可以把目标看成一根巨大的香肠，将其切片处理；你还可以把目标视作一条无限延展的公路，先找好时间路标，然后琢磨如何走向终点。

设立目标并不难，但是需要掌握科学的方法。你的目标应该是个性化和可视化的，既能引起你内心深处的共鸣，又能让你看得见摸得着，它还不能是唯一的，一个目标之后必须跟随另一个目标，这样才能使你避免进入空虚和无聊的状态。设定目标是你一个人的事，除了你之外，没有人真正了解你想要成就什么，实现什么以及前往何方，它代表了你隐秘的心理需求，所以你最好把它当成一个秘密，不要把它当成公开的新闻。默默地做好计划，为自己暗暗加油，竖起你的目标灯塔，让目标为你的人生导航，明天一定会比今天美好。

设立有效目标的 SMART 原则

在撒哈拉大沙漠有一个叫比赛尔的小村庄，长期以来不被外界所知，仿佛根本不存在一样，而今它却成了旅游胜地，每年吸引着成千上万的游客到这里观光。据说，生活在比赛尔的人从来没有离开过他们的村庄，不是因为他们故土难离或是不愿了解外面的世界，而是因为他们试了很多次都没能成功走出去，人们都说，在比赛尔无论你从哪个方向出发，都会兜兜转转走回原点，因此，所有的努力都是徒劳的。

有个叫肯·莱文的人对传闻感到好奇，于是便雇佣了一个土生土长的比赛尔人当向导，让他在前面带路，看看以后到底会发生什么。出发时，两人带了半个月的食物和水，又找来了两头骆驼作为交通工具。肯·莱文没有使用指南针，一路跟着向导默默前行。他们跋涉了十天，走了八百英里的路程，到了第十一天早上，果然又回到了当初的出发地——比赛尔。虽然没能走出大漠，但肯·莱文仍然十分高兴，因为他终于弄清了比赛尔世代走不出村庄的真相。原来比赛尔人全都不认识北斗星，一直是凭着直觉向前走，行走的足迹最终形成了大小不一的圆圈，自然就回到原点了。在广袤无垠的沙漠里，如果找不到一个参照物，又没有指南针指示方向，是绝对不可能走出去的。

肯·莱文离开时，带上了那名向导，让他白天不要赶路，晚上跟着北面的那颗星行走。向导依言照做了，仅用了三天时间就走到了大漠的边缘。那名向导由于是第一个走出大漠的比赛尔人，被当成了勇敢的开拓者，如今他的铜像依然屹立在比赛尔中央，底座上赫然刻着一行字：新生活是从选定方向开始的。

这则故事告诉我们，有价值的人生是从设定目标那一刻开始的，之前的日子不过是漫无方向地兜圈子而已。有了目标，你的生活就不会像迷雾一样模糊，你的未来则会以某种形式清晰明朗地呈现在你的面前。有人说有什么样的目标，就将拥有什么样的人生。的确如此，不要抱怨自己的身份地位有多么卑微，不要抱怨自己所扮演的社会角色有多么微不足道，只要你为自己找好定位，设立好明确的目标，并始终朝着自己的目标努力奋斗下去，终有一天，你会得到报偿。

毫无疑问，设立目标是人生的头等大事，那么，我们该怎么设立目标呢？具体来说，一共有三个步骤。

一，确立 8 个主要目标，它们分别和生活环境、身心健康、物质条件、个人成长、娱乐休闲、伴侣、事业、家人朋友 8 个因素有关。给每个目标打分，满意打 10 分，完全不满意打 1 分，以此来检验一下你对目前生活的满意度。

二，弄清自己忌妒什么。现实生活中，人们常把羡慕忌妒恨三种情绪糅合在一起，用来表述妒忌别人时的复杂心理。这种分析是有一定科学根据的，很多时候，你疯狂忌妒的，正是你渴望得到的，它往往和你内心深处某种隐秘的目标息息相关。你忌妒的人基本都具有以下特征：他们交游广阔很受欢迎，气色看起来不错，拥有一份还算有趣的工作，从来不用匆匆忙忙赶时间，经常旅行度假，有一个优秀的孩子等等。你忌妒的这些东西都是你想要达成的目标，拥有忌妒情绪，说明你对现有的生活并不十分满意，在很多方面都有需要改善的地方。

三，找出你最希望改善的两三项内容，将其设定为阶段目标，这样你就找到努力的方向了。有的人喜欢一次制定 6 个或 8 个以上的目标，这是不可取的，目标太多，会让你的精力过于发散，到了执行阶段会遇到诸多困难。所以制定目标时切勿贪心，一次设立两三个目标即可，也可以一次只设立一个目标。

设立完目标之后，要检查一下目标的设定是否完全符合SMART原则，以便检验它们的合理性。那么什么是SMART原则呢？S（Specific）——明确性，M（Measurable）——可衡量性，A（Attainable）——可实现性，R（Relevant）——关联性，T（Time－bound）——时限性，具体说来，主要包括以下几个方面。

一．目标必须明确具体（Specific）

有的人把提升自我当成目标，这样的目标设定就太模糊、太宽泛了，根本就不能为人生指明方向。提升自我包括很多方面，包括能力方面的提升、个性的改善、内涵的培养、形象气质的提升等等。以形象气质的提升为例，你需要制定清晰具体的目标，比如将体重降到多少磅，怎样学会化妆和搭配服饰，如何使自己的言谈举止更得体等等。二．目标最好具备可衡量性（Measurable）

你的目标最好是可以量化的，只有制定可量化的目标，你才能清楚地了解目标的实现情况。比如你制定了一个长期储蓄计划，必须计算好每月支出多少，存储多少，一年内存款要达到多少数额，三年内要达到多少数额，若干年以后要达到多少数额。

三．目标必须具备可行性（Attainable）

你的目标必须是可达成的，否则就与空想无异了。有的人幻想着中百万大奖，那是白日梦，而不是可行的目标，因为买彩票中大奖的概率太微乎其微了。对于普通人来说，希望在极短的时间内实现某个宏伟的目标是不可能的，毕竟罗马不是一天建成的，宏伟的目标需要你日复一日、年复一年地不断努力，才有可能达成。短期能达成的目标都是小目标，是那种你伸手可摘取的熟透的梨子，而不是连长颈鹿都够不着的东西。

四．目标必须和其他目标相关联（Relevant）

你的目标必须与其他目标相关联，假如你成功实现了某个目标，但这个目标与其他目标相关度较低，或者完全不不相关，那么这个目标即便达成了，也没有多大意义。

五．目标必须具有时限性（Time－bound）

你必须清楚地知道自己要在多长时间内完成目标，没有时间限制，你就没有急迫感，没有执行的动力，恐怕会拖拖拉拉，这辈子都没法完成目标。给自己设立目标时，千万不要说终有一天，我将如何如何，而要给自己制定一个具体的规划。比如你想开办一个美体馆，首先要弄清楚自己在多长时间内能将美体馆开办起来，什么时间能筹集资金，什么时候能购齐设备，什么时候能做好商业企划，什么时候能招聘到工作人员培训上岗等等。你必须要有时间概念，否则所有的事情都有可能被无限期拖延，最终导致目标无法达成。

写下你的追求，对它秘而不宣

一个人若是只对目标感兴趣，将来未必会实现目标，因为有兴趣和希望达成完全是两码事，制定目标时，仅仅有兴趣是不够的，决心不坚定，所有的设想都不会落到实处。很多人刚刚有了新目标以后，显得很兴奋，然而这种情绪只是一时的心血来潮，过不了多久他们就会将当初的目标全部淡忘了。

决定目标是否能达成的关键因素在于你的决心究竟有多坚定，如果在设定目标时，你只是想把新目标当成生活的调味剂，认为它是可有可无的，那么，日后遇到一点小小的困难也许你就放弃了，即便没有遇到挫折，你也会因为意兴阑珊而终止目标的执行。大量事实证明，唯有下定决心的人，才能矢志不移地实现目标。那么，怎么做才能让自己在制定目标时下定决心呢?

答案很简单，把你将来要完成的目标郑重其事地写下来。写下目标就等于给了自己一份书面承诺。心理学研究表明，那些惯于在脑海里构思目标的人，很容易将目标抛诸脑后或者彻底遗忘。他们在设定目标时，态度便是举棋不定的，不曾把执行目标当成一件必须实行的事。乐于写下人生目标的人，就好比跟自己签订了一份具有约束效力的契约，通常能完好地履行契约精神。

把目标落实到白纸黑字上，意味着你已经有了背水一战的决心，以后无论遇到多少拦路虎和绊脚石，都不会轻易违背对自己的承诺。你会主动迎接生活的挑战，失败之后将重症旗鼓，再度接受新的考验，绝不会轻易服输。抱着这样的心态做事，没有什么事情是做不成的。

任彤作为一名特长生，在暑假期间她制定了一个练琴计划，打算每天抽出5个小时练习。可是真到放假时，她才发现要耗费5个小时练琴有多么难，刚刚弹奏两个小时，她就感到手指僵硬了，思绪不知不觉飘远，弹着弹着曲子就变调了。无奈之下，她只好放弃原来的目标，把练琴的时间缩短到两小时。

任彤一边慨叹自己定力不足，一边发愁，她意识到自己的弹奏水平太差了，如果再不加强练习，恐怕没机会考上音乐学院了。她皱着眉头想了很久，知道不能再荒废时间了，于是拿出了一张纸给自己写了一封承诺书，上面赫然地写着日后的目标：每天练琴5小时，上午2小时，下午3小时，如无特殊情况，不得中断。

将目标写下来之后，任彤下了很大的决心，发誓一定要把钢琴练好。开始练习高难度的曲子时，她总是断断续续，很多音符都掌握不准，经过天长日久的练习，她的错误越来越少，弹奏得越来越熟练，可惜还是没有掌握神韵，她知道要想达到专业级别，自己仍需付出更多的努力才行。

为了让自己坚定练琴的决心，她把写在纸上的目标告诉了很多人，父母、老师、同学、笔友都知道她在朝着目标方向努力，父母监督她，老师、同学鼓励她，笔友则在信件中祝福她早日成功。她感到分外高兴，觉得自己似乎离目标更近一步了。可是不知什么原因，在以后练琴的过程中，她越来越松懈，越来越心不在焉了，眼看暑假就要过完了，而她的琴技却没有什么提升。

有些人认为写下目标，是自己给自己的承诺，由于无人知晓、无人监督，自己可以随时背弃承诺。倘若把写下的目标分享给别人，就好比对外发表了一份声明，在众人的监督和舆论的压力下，自己是断不敢背离承诺的。所以把目标说出来比一个人默默写下目标更有效。可事实果真如此吗？答案是否定的。

心理学研究表明，把自己的人生目标告诉别人，反而不利于目标的实现。如果你在制定完目标后，迫不及待地将其公布于众，别人又在第一时间认可了你的目标，你便会产生一种错觉，认为目标已经达到了，日后就不会那么积极地执行目标了。

心理学家曾经做过这样一项实验：将 163 名参与者分成了 4 组，要求每人写下自己的目标，让每组一半的人对外宣布他们的目标，另一半的人保持沉默。接下来的 45 分钟，他们都在努力执行目标。研究员告诉他们，只要他们愿意，随时都可以停下手头的工作。结果那些事先公布了目标的人，坚持了 33 分钟就放弃了，而那些不曾透漏目标的人，整整工作了 45 分钟后才肯休息。

前者在被问及为什么那么快停止工作时，解释说他们宣布完目标之后便感觉快要接近目标了，因此意志力松懈了下来，后者在被问及为什么能坚持到最后时，回答说他们写完目标之后感觉还有很漫长的路要走，所以不敢停下来。这项实验表明，写下目标是可取的，但是对于自己的目标最好秘而不宣，当你试图将刚刚写下的目标大声告诉别人的时候，最好忍住，为自己保守住秘密，这样做才有利于目标的达成。

不要在朋友圈中泄露你的目标

喜欢刷存在感的人，总喜欢把自己生活的点点滴滴都发到朋友圈里，有了新想法新目标，首先想到的是把它发到朋友圈里，为的是得到一大堆点赞，获得一种小小的满足感。日常生活中，我们常能在朋友圈里看到这样的目标计划：一个月内瘦 10 斤，抽空去趟西双版纳，周末学习瑜伽，月末一定要拿到高额绩效奖金，近两三年内创建一家属于自己的公司等等。

跟朋友圈里的好友分享目标，听着大家七嘴八舌的议论，似乎是一种很热闹的事，你不但从中获得了关注度，还能获得某种优越感。比如你宣布要到西双版纳旅行的时候，一定会有整天忙得晕头转向的上班族，大吐完苦水之后说："真羡慕你，还有闲情逸致到处旅游。"可是并不是所有人都会给予你正面的评论和支持，你的目标未必能获得所有人的认同，假如某个思想消极的人，不相信你能达成目标，没完没了地劝你放弃，那么你的积极性势必会受到打击。试想一下，当你在朋友圈中宣布要学习瑜伽时，突然有人说你身体太胖且缺乏柔韧度，练习瑜伽时动作一定很笨拙很难堪，奉劝你还是打消这个念头为妙，此时，你还会满怀热情地按照原计划练习瑜伽吗？

在朋友圈中泄露你的目标，你可能会收获各种善意的点赞，但是也极有可能遇到爱泼冷水的人，所以最明智的做法是，有了新目标后，替自己保守好秘密，不要给任何人提供打击你、否定你的机会。目标不应该是用来炫耀的，你没有必要把它晒给朋友看。目标不是一种展览品，不需要别人来品头论足。你的目标应该由你做主，你无须听取四面八方的声音。在设立目标时，如果你能学会沉默，就能很好地把外界的质疑声屏蔽在心灵之外，这样更有利于你坚定信心，朝着目标矢志不移地一步步迈进。

有一个喜欢远足的青年，打算只身前往阿巴拉契亚山脉，他把这个新计划发到了朋友圈中，很快就获得了一大堆点赞。正当他得意之时，忽然有人回复说："你这个计划听起来很酷，不过执行起来一定很难吧。你去过最远的地方就在省内，现在突然要跑到国外那么远的地方，你真的准备好了吗？你的旅费存够了吗？登山设备、露营的帐篷，还有各种各样野外生存的东西，都准备齐全了吗？"

青年没有回应，对方又说："我想还没有，你对野外生存一点概念都没有，真去了那里一定会六神无主，遇到危险恐怕连怎么求援都不知道。我奉劝你还是趁早打消这个念头吧，在家乡随便找座小山登上去拍张照就行了，如果你觉得小山不够雄伟，就用 PS 软件修修图。"

青年感到很受打击，他本来已经购买了好几本关于户外运动和野外生存的书籍，还买了一整套装备，制定了健身计划，但是听到质疑声，他自己也开始怀疑起来，认为前往阿巴拉契亚山脉探险是一个荒唐的计划，没过多久他就取消了这个计划，把探险专用的书籍、装备及其他物品全部封存了起来，然后把目光投向了故乡的小山上。

人们有了新目标之后，为什么总忍不住要与外界分享呢？心理学家认为这是一种不健康的获取认同的方式，每个人对外界都有一定的期望，希望博得外界的关注、认同和赞赏，即使面临着被否定被打击的风险。事实证明，一旦你在朋友圈里泄露了自己的目标，实现目标的概率就会变小，因为你在收获认同感的同时，也会听到嘲讽、质疑和反对的声音，它们会成为你前进道路上的阻力，阻碍你实现目标。

既然与人分享目标，不利于目标的实现，是不是意味着必须把所有的目标当成私人秘密，永远都不能对外公布呢？这主要取决于目标的性质。个人目标最好当成私人的秘密，尽量不要告诉别人。工作目标要适度分享给别人，假如你是公司的老板或是部门主管，必须把公司的愿景和阶段目标分享给员工，这样才能激励大家为了共同的目标奋斗。假如你只是一个普通的职员，需要与人合作才能达成目标，你就必须学会跟别人分享目标。需要注意的是，工作目标最好也不要发在朋友圈里，以免使自己受到外界因素的干扰。

朋友圈只是一个社交平台，而不是一个目标分享平台，你可以把生活的点滴发到朋友圈，让更多人了解自己的感受和想法，但是最好不要将目标公布给大家。每个人都应该为自己保留一个不对外开放的空间，它是你的私人角落，潜藏着属于你一个人的小秘密。虽然个人目标不是什么高级机密，但是为了排除负能量的干扰，你最好选择为自己保密。如果你有了目标以后，你确实想从外界获得支持和鼓舞，那么，最好跟关系亲密的人分享，比如某个身上充满正能量的挚友、亲人，千万别把目标公布到朋友圈里，朋友圈并不适合分享私密信息，所以对外发布信息时一定要慎重。

建造目标金字塔

有三个工匠在同一个建筑工地砌墙，有个路人经过时问他们在干什么时，每个人给出了不同的回答。第一个工匠说："我在砌墙。"第二个工匠说："我在建设高楼大厦。"第三个工匠回答说："我在建设一座城市。"

路人又问："你们这么辛苦工作是为了什么？"第一个工匠愁眉苦脸地说："还能为了什么？不就是为了养家糊口混饭吃吗？"第二个工匠平和地说："为了完成本职工作呗，我们不建高楼，你们哪有房屋居住办公啊？当然，我们也承认，我们工作是有报酬的，辛辛苦苦地劳动，主要是为了让家人以后能过上更好的生活。"第三个工匠信心满满地说："我在为城市建设工作添砖加瓦的过程中，能对房地产市场有一个大概的了解，对城市规划也能有一定的认识，我想这份工作对于我日后的发展是很有好处的。也许我能在为社会做贡献的时候实现个人价值呢。"

若干年后，第一个工匠仍在砌墙，每天在外面承受风吹日晒雨淋之苦，所得的报酬勉强能维持一家人的开销。第二个工匠成为了一名薪水丰厚的建筑设计师，终于让父母妻儿过上了好日子。第三个工匠成为了前两个工匠的老板，他把自己热爱的城市规划建设得非常漂亮，在造福家乡的同时也实现了自己的人生价值。

第一个工匠是一个以短期目标为导向的人，因为目标不够长远，他一辈子都在原地踏步。第二个工匠既能看到短期目标，又能看到长期目标，因此有了更好的发展。第三个工匠不但能看到短期目标、长期目标，还能看到终极目标，所以他的成就超越了前两个工匠。

目标就像一座高高的金字塔，塔尖代表的是终极目标，长期目标是指步步为营，逐层到达金字塔顶部，每一层高塔代表的是中期目标，每一个台阶代表的是短期目标，你迈出的每一步代表的是小目标。

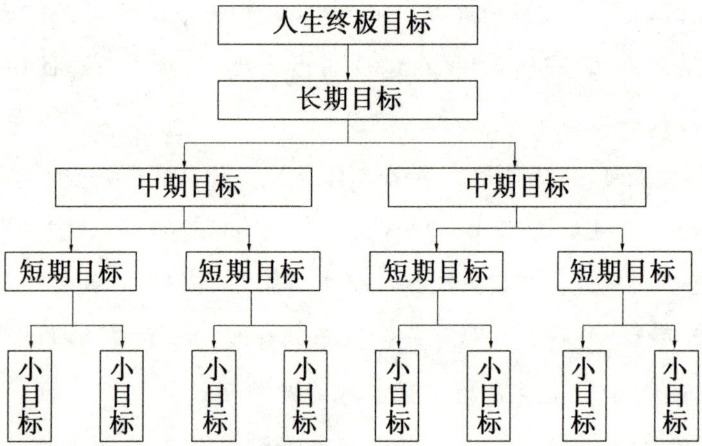

你只有一步步地向上攀登，才能到达金字塔的顶端。只看到眼前台阶的人，所能达到的高度是非常有限的；能看到金字塔层级的人，通常能不断地提升自己，从而走向新的高度；能看到金字塔塔尖的人，即使以蜗牛的速度向上攀爬，照样能爬到金字塔的顶端，看到雄鹰眼中的世界。目标金字塔理论告诉我们，站得高才能看得远，“欲穷千里目，更上一层楼”。同时它又警示我们，一步登天是不可能的，“不积跬步无以至千里，不积小流无以成江海”，只有认认真真地完成小目标，踏踏实实地走好每一步，我们才能完成更宏伟的目标。

所谓的终极目标代表的是你的最高追求，它是所有目标的统帅，是最核心最高层次的目标，你设定的每一个目标都是为它服务的。比如你的终极目标是实现个人价值，那么，你无论是奋发学习还是努力工作，都是以它为基准的，你实现其他目标的目的都是为了体现出个人的人生价值。假如你的终极目标是追求幸福，那么，你的工作目标、生活目标以及情感家庭方面的目标都是为了追求幸福而设定的。

终极目标下设长期目标，长期目标是有期限的，它由若干个中期目标组成，中期目标又由数个短期目标组成，短期目标则由日常生活中的一个个小目标组成。每一层级的目标都是环环相扣的，大目标统御小目标，小目标是通往大目标的阶梯。你只有先实现了小目标，才能实现更大的目标。

假如你的长期目标是白手起家，在 5 年内创办属于自己的餐饮公司，它就是由 5 个中期目标组成的，你需要考虑规划好每一年具体要做什么，做好年度规划以后，你还要设立季度目标、月目标等短期目标，最后将短期目标分解成日常工作中的一个个小目标。

终极目标是模糊的，长期目标又非常遥远，如果没有短期目标和小目标，我们是很难达到终点的。多数大目标都是像珠穆朗玛峰那样令人望而生畏的，如果不把它分解成可达成的小目标，我们很有可能在压力和困难面前选择退却。但是只盯着小目标和短期目标也是不可取的，因为那样做，无异于“只见树木，不见森林”，会使人变得短视，限制你未来的发展。你必须看到整个目标金字塔，并准确绘制出每一个层级，才能有条不紊、步步为营地实现自己的人生目标。

排好事情的优先次序

如果你认为在一张白纸上绘制出了层级清晰的目标金字塔后就大功告成了，那就大错特错了。因为，只是确认了人生中的大大小小目标还是不够的，你还必须确定它们的优先次序，否则执行目标的时候你就无法有所侧重，分不清轻重缓急，导致重要的目标被耽搁，大量的时间浪费在了次要目标上。

举例来说，比如你设定了“强身健体”和“做个好爸爸”两个目标，要求自己每个星期至少打一次网球、游一次泳，陪伴孩子做一件有意义的事。通常情况下，这两个目标是不相冲突的，但是假如有一段时期你工作特别繁忙，没法挤出时间兼顾两件事情，那该如何抉择呢？在鱼与熊掌不可兼得的情况下，你必须弄清鱼和熊掌究竟哪一个更重要，这样才能做出正确的取舍。倘若你认为做个好爸爸比锻炼身体更重要，那么就取消游泳打球的计划，尽情享受亲子时光吧。

在设定目标时，如果你没有提前排出优先级次序，遇到两难情况时，就会变得无比纠结。拿不定主意的时候，你极有可能做出错误的选择。譬如你在“做个好爸爸”和“成为成功人士”两个目标之间徘徊不定，在两者发生严重冲突的时候，你极有可能因为自己的野心和欲望，忽略了孩子的感受，把所有的时间和精力都投放到工作中。你可以有一千个借口来使自己的行为看起来合理化，理所当然地想：“孩子和家人对我来说当然很重要，我努力工作，就是为了让他们过上更有品质的生活，难道这样也有错吗?”这不过是一个冠冕堂皇的理由罢了。

你或许认为每个目标都很重要，觉得两手都要抓两手都要硬，可这种想法在现实生活中往往是行不通的。不同的目标之间常常存在着各种各样的冲突，你很难做出完美的平衡，所以必须要分清主次，必要的时候还要割舍部分目标。事先为目标排好优先次序，可以将你从迷茫的困境中解救出来，使你在第一时间做出最优化的选择。那么，该如何设定不同目标的优先次序呢？这主要和目标的重要性有关，你认为哪个目标对于自己最为重要，就将它排在其他目标前面，然后按照重要程度的不同，将目标逐一排列好。以备日后参考。

有一位商学院教授发现很多学生选择的专业都是自己不感兴趣的，当他问学生们为什么要选择目前的专业时，不少学生回答说是为了换取经济上的稳定。有的学生想过要当音乐家、艺术家、作家，但是他们觉得从事那些职业，将来的生活可能不太稳定。

教授让学生们按照优先次序把不同的人生目标排序，结果发现大部分人都把“工作愉快”和“生活愉快”放在了“收入稳定”前面。这说明他们都违反了自己的真实意愿，未来的日子恐怕要在无休止的冲突中度过了。有一位叫吉米的学生最大的愿望是能成为一名音乐老师，他本来应该报考音乐学院的，可是家人认为当老师收入太低，日后没有多大发展，建议他学金融学，以后从事理财行业。他屈从了家人的安排，毕业后一直在推销理财产品，虽然每个月的收入都不错，但他却开心不起来，晚上做梦自己都在唱歌。

有一天他和教授见面了，谈起自己当年的选择，颇有些后悔。教授鼓励他说：“你现在还年轻，想要修改人生的剧本还来得及，不过在行动之前，你一定要弄清什么对自己来说才是最重要的。”吉米听从了教授的劝告，辞掉了自己不喜欢的工作，着手准备报考音乐学院，虽然他不知道自己能否顺利通过考试，但是心情却明朗起来，因为他找到了自己真正想要追求的东西，对美好的未来充满了信心。

把目标按照优先次序排列，可以让你做出最明智的取舍，也可以帮你决定先做什么后做什么，提升办事效率。在设定目标时，你可以把目标分成三类，第一类是必须做的，第二类是应该做的，第三类是很难做的。通常情况下你认为必须完成的目标都是最重要的目标，而应该做的目标则是理性上认为要完成的目标，第三类目标要么就是难度太大，要么就是你主观上比较排斥的目标。按照顺序的优先级，一般要先完成第一类目标，再完成第二类目标，最后完成第三类目标。这样做的好处是帮助你最大限度地优化执行方案，使你能在较短的时间内高效地完成最有价值的目标。

合理分解目标

1984 年，在国际马拉松邀请赛上，出现了一匹耀眼的黑马，他之前默默无闻，却在角逐激烈的赛场上出人意料地两次蝉联冠军，这着实让人感到惊讶。这名选手叫山田本一，在被问道是凭借什么取得这样的好成绩时，他回答说自己是凭借智慧战胜了强劲的对手。听到这个答案，人们更加迷惑了，众所周知，马拉松不同于短跑，速度和爆发力并不重要，它主要考验的是运动员的体能和耐力，这样的体育竞技体力是最重要的，在他夺冠之前，还没有任何一名运动员说过自己是靠智慧取胜的，因为这种说法让人听起来多少有点牵强附会。

面对人们的质疑，山田本一在自传中坦然地揭晓了自己获胜的秘密，他这样写道：“每次比赛之前，我都会乘车将赛场上的线路认真看一遍，并将一些醒目的标志逐一画下来，比如我看到的第一个标志是一家银行，下一个标志是一棵参天大树，接下来的标志是一座漂亮的红房子……我会从赛程的始点开始画，一直画到终点。比赛开始后，我会分别冲向第一个目标，然后再冲向第二个目标。虽然全程超过 40 公里，但是因为我把赛程分解成了几个小目标，结果很轻松地跑下来了。以前，我不明白这个道理，把目标设定在了远在 40 多公里以外的旗帜上，结果刚跑十几公里就筋疲力尽坚持不下去了，我被遥远的路程彻底吓倒了。”

要想成功达成目标，在设定目标时就要像跑马拉松一样，把遥不可及的大目标分解成一个个易于达到的小目标，这样你就不会因为畏惧和倦怠而中途放弃。心理学研究发现，把大目标分解成若干个小目标，阶段性地降低目标的难度，会使人更容易达成目标。心理学家曾经做过这样一项实验：实验对象是一群从来没有收割过麦子的学生，他们被分成了 A、B 两组。A 组学生从麦田的东面割起，B 组学生从麦田的西面开始收割。麦田中央插着一杆十分显眼的红旗，比赛的规则是谁先到达红旗那里谁就获胜。所不同的是，A 组学生每前进两三米，就能看到一面绿旗，而 B 组学生面前则什么也没有。

A 组学生因为把大目标分割成了小目标，每完成一个小目标，信心就增长了一分，结果更快地达成了目标，最后在比赛中胜出。而 B 组的学生由于只能看到遥不可及的大目标，很快便感到心灰意冷，收割的效率自然要比 A 组低很多。这项心理学实验告诉我们，面对大目标，人们通常会感到希望渺茫，而可触可感的小目标则能令人信心倍增，把难度极大的大目标分解成容易实现的小目标，是取得胜利的关键。

美国推销大王乔·坎多尔弗曾经说过：“作为一名销售员，你必须为自己树立能够达到的实际目标。当你达到了这些目标，就把目标再提升一点，并再努力去达到。如果你仅仅建立了长期目标，而没有建立相应的中、短期目标，那么，长期目标就会变得遥遥无期，甚至难以达到。它会使你泄气，甚至撒手作罢。”可见分解目标有多么重要。大目标的实现都是小目标累积的结果，任何一部不朽的著作都不可能是一天写成的，任何一座美轮美奂的建筑都不是一日之内建成的，所以小目标的作用是不可小视的。那么，在制定目标和分解目标的过程中，我们该遵循怎样的步骤呢？

1. 确立你的人生目标

你必须先确立大目标，才能把它分解成小目标。你必须考虑自己在一年内或几年内想要实现什么，不要用“我想更快乐”或“我想过上更有品质的生活”之类的模糊言辞来作答，因为它描述的仅仅是一种主观感受，并不是具体的目标，不能为你的人生指明道路。你可能会把在一两年内组建家庭当成一个目标，也可能设定一个健身目标，抑或是希望获得晋升，在事业上更上一层楼。

2. 将大目标分解成若干个具体的小目标

你的目标可能与职业、家庭、情感、健康有关，涉及生活的方方面面。在设定目标时，一定要把它分解成具体的小目标。比如你的大目标是要让身体变得更强健，可以将其分解成两个小目标，一是健康的饮食，比如杜绝垃圾食品，注意营养搭配，多吃水果蔬菜等；二是健身计划，比如学习游泳，或者定期打高尔夫、保龄球等。

3. 写下你的短期目标

如果你的目标需要一年或几年才能完成，就必须制定若干个不超过一年的短期目标，这样，才能一步步地实现自己的宏伟计划。比如你想在一年时间内把英语字典里所有的单词烂熟于心，需要考虑每个月掌握多少单词量，每天掌握多少单词量，把长期目标分解成无数个小小的短期目标，这样，才能在年终时实现自己的大目标。

4. 学会灵活地调整小目标

制定完大目标和小目标之后，你需要花时间重新审视你的小目标，如果出现了意外情况或者不可控因素，你要考虑按照原来的计划这些小目标还能如期完成吗？如何答案是否定的，你必须合理调整小目标，把新的时间节点写在你的进度表上，按照合理的进度慢慢实现小目标。

让你的目标触目可及

心理学家曾经做过这样一个经典实验：他花钱雇佣了一名技术熟练的伐木工人，先是让他用斧头锋利的一面来砍树，这名伐木工干得热火朝天，表现得非常好；之后心理学家又要求他用斧头背来砍一根圆木，并许以双倍的报酬。伐木工人吃力地干了半天之后，坚持不下去了，他给出的理由不是因为这样做费力，也不是因为这样干活太过笨拙，而是这种违反常理的规定，使他看不到飞出的木片。他罢工后说出第一句话是："我要看到木片飞出来。"

伐木工为什么那么在意飞出的木片呢？因为那是他的劳动成果，是其自我价值的直接体现，看不到木片，他只是机械地在重复无聊的动作，很快就对伐木工作厌烦了。同理，我们设立的目标是看不见摸不着的，如果我们不能把它变成可视化的木片，那么终有一天我们会像那名伐木工人那样丧失执行的热情。

项目主管格莱恩把一项非常重要的任务交给了手下能力最强的

员工玛丽娅，他向玛丽娅承诺，假如她能出色地完成工作任务，就能获得升迁。起初，玛丽娅干劲十足，她把升迁当成了职业生涯中最大的目标，可是没过多久，她就失去工作热情了，甚至向主管申请退出该项目。

格莱恩感到十分纳闷，不明白这名兢兢业业的员工为什么会产生自毁前途的想法，玛丽娅一向表现出色，这个项目对她来说一点难度也没有，面对大好的升迁机会，她为什么要放弃呢？格莱恩特定从百忙之中抽出时间与玛丽娅面谈，玛丽娅的回答令他十分吃惊："我已经为这个项目忙了整整三个月了，却没有看到任何成果。我不知道自己做得好不好，不清楚工作进度是否合适。这段时间，我一直处在迷茫之中，什么也看不清。这是我无法忍受的。所以我想也许我无法顺利完成这项工作了。很对不起，我让你失望了。"

其实，玛丽娅根本无须道歉，因为他的主管没能使目标可视化，她选择退出完全是一种正常反应。我们在制定目标时，一定要让目标清晰可见。比如把目标贴在触目可及的地方，利用视觉刺激进行自我激励，这样，就不用担心在目标尚未实现时自己就提前丧失热情了。你可以把有关目标的图片贴在卧室的墙壁上，每晚临睡前温习一遍自己的目标，第二天醒来之后带着强烈的目标感从家里出发，日复一日，年复一年，总有一天你会把目标转化为现实。

需要注意的是，你选择的图片必须能激起自己内心强烈的渴望，这样才能起到良好的激励效果。假如你的目标是到罗马完成一次浪漫之旅，那么，选用的图片必须契合浪漫的情调；假如你的目标是过上海子描述的诗意生活，想要拥有一所房子，面朝大海，春暖花开，那么，选择的图片必须契合自己的想象。除了卧室以外，你还可以把图片放到其他能够随时看得见的地方，比如电脑桌面上或是办公桌上，这些温暖美好的图片将不断地强化你的目标意识，给你带来源源不断的动力。

使目标可视化的另外一个技巧就是把目标写在一块白板上，在白板的左侧，用醒目的字体写上你近期将要完成的首要目标，右侧列举出你想要实现的次要目标。每实现一个目标，你可以在上面轻轻地划一道横线，也可以在旁边画一面胜利的旗帜，或者写下两行简练的自我鼓励的话语。注意，一定不能把已完成的目标擦去，因为它们是你迈向大目标的小小里程碑，看到它们，你会为自己过去走过的路程感到骄傲，同时会产生更大的勇气和信心，继续坚定不移地走下去。

使目标可视化的技巧还包括能够在危机时刻让希望可触可感。相传在经济大萧条中，有一个单亲家庭陷入了生存危机，单亲妈妈为了安抚孩子们，想出了一个绝妙的主意。她拿出了一个铁罐，对愁眉苦脸的孩子说："铁罐里装着我们家最后一笔存款，可以在紧要的时刻把它取出来，只要我们足够努力，我们就能渡过难关。"经过商量，全家人决定不到最后关头绝不打开铁罐、动用存款。后来这个家庭挺过了最艰难的时期，孩子们长大了，都有了自己的儿女，在一次家庭聚会上，他们要求打开铁罐，看看那笔最后的存款。结果铁罐打开了，里面没有一张钞票，只有一叠旧报纸。故事中的铁罐指的是看得见的希望。通常情况下，希望只是一种心理感受，无法以实物的方式呈现，所以鲁迅说："希望是无所谓有，无所谓无的。"如何让希望变成实体，是一个值得我们思考的问题。

不管晴天雨天，都要准备好一把伞

如果你在五年或十年之后，体重没有增加，智慧没有增长，事业不温不火，日子千篇一律，伴侣分分合合，不知不觉又恢复了单身，就等于兜兜转转之后，重新回到了人生的原点，这便意味着之前所有的努力都付诸东流，所有激动人心的目标都不曾实现。你也许会感到迷惑，不清楚自己为何陷入这种走不出的困境中。仔细想想你会发现，是自己设定目标的环节中出现了问题。

你也许已经写下了自己的目标清单，制定了若干个周计划、月计划、季度计划、年计划、五年计划，也想好了每个时间阶段完成什么样的目标，但最后这些目标经不起现实的考验，总是因为各种各样的原因实现不了。这种现象是非常常见的。看过美剧《越狱》的朋友都知道，主角迈克尔·斯科菲尔德为了帮助蒙冤入狱的哥哥逃出生天，制定过无数的计划，可是计划总赶不上变化，在现实的阻力面前，他要随机应变随时制定出更合理的计划，否则所有的努力都会功亏一篑。

在实现目标的过程中，你会遇到很多障碍，如果你在设定目标时，预先没有考虑周全，遇到难题时必定会束手无策。真正擅长制定目标的人，绝对不会把眼前的路想象成坦途，也不期望日后自己能够一马平川，而会做好未雨绸缪的打算。美国作家康拜生曾经说过："灵感是从不会去一个丝毫没有准备的懒汉家做客的。"意思是事先不做好充分的准备，是什么事情也做不成的。我们常听人说："预则立，不预则废""有备无患"讲的就是这个道理。

颜霄大学时学的是日语专业，毕业不久就在一家日资银行找到

了满意的工作，而她的同学大部分还在为找工作奔忙。当同学问她为什么能这么顺利地实现第一步的职业目标时，她说在校时，她便早早意识到大学能教给自己的仅仅是课本上的知识，如果不掌握相关工作经验，不懂得为人处世的方式，毕业后一定会处处碰壁。所以除了掌握必要的专业知识以外，颜霄还十分重视社会实践，几乎花掉了一半的时间在做各种兼职。

在校期间，颜霄在日本料理店当过服务员和翻译，还在日资的企业做过售货员和推销员，在打工期间，她不仅提升了口语水平，还学到了许多书本上学不到的东西，积累了丰富的社会经验，所以在找工作时自然比其他应届毕业生更有优势了。

在现实生活中，很多人会把“未雨绸缪”和“杞人忧天”混为一谈，甚至有人把“晴天带伞，饱带干粮”当成未雨绸缪的新解，认为这种做法纯属多此一举。习惯晴天带伞的人或多或少都会受到人们的嘲讽。可是从另一种角度想，如果天气突变，逢上雨天，雨伞便能派上用场，至少能使你不至于变成落汤鸡，如果一整天都没有下雨，始终烈日悬空，你可以选择用雨伞遮阳。未雨绸缪不见得就是在做傻事。

在制定目标时，我们理应想到前路上可能出现的障碍，只有这样，才能做到有备无患、从容不迫。先列出你缺少的资源和技术上的支持。然后写下你获得资源、扩充资源的办法以及掌握技术的途径。譬如你的目标是在繁华的市中心开一家时装店，目前既没有足够的资金，又缺少客源，那么，在制定目标时，你需要充分考虑这些因素，想好如何筹措资金，积累客源。你是想通过合伙集资的方式开店，还是想通过借款的方式实现开店的目标，是想通过促销活动吸引顾客，还是想通过优质的服务，让顾客口口相传，逐渐建立起良好的口碑，这些因素都要在设定目标的时候考虑周全。

如果你想要完成的目标具有一定的技术含量，而目前自己并未掌握相关技术或是处于技术不精的阶段，那就要想方设法让自己在技术上达标。你需要写下自己掌握技术和提升技术的途径，比如到培训机构接受培训，去高精尖的企业边学习边工作，或者接受其他机构的培训等。

每写下一个目标，都要列举出你要付出的行动以及在行动中可能遇到的难题，至少找出三种以上的解决方案。当然这些都是你头脑中的构想，有些情况未必会真实发生，但这并不意味着你的努力全都是无用功，因为一旦出现了你预想中的情况，你事先想到了应对之策，处理起问题来定然会游刃有余，至少不至于让自己被困难吓倒。在设定目标时，你可以写下对自己有帮助的人或团体，事先想好如果自己遭到拒绝，该通过什么方式扭转局面，从而调动一切可以调动的力量，促使自己成功地实现目标。

掌握好自己的时间路标

新年伊始，很多人都在忙着制定新一年的目标，因为新的一年总是让人感觉生活会焕然一新，这就是所谓的新年新气象。其实这种现象是非常符合科学道理的。心理学研究表明，日历中的特殊日子通常暗示着一个全新的开始，它会督促我们制定新的目标。激励我们辞旧迎新的标志性日期就被称为“时间路标”。

华盛顿大学和宾夕法尼亚大学的研究者曾经进行过一系列实验，证明时间路标是怎样影响我们制定目标的。在一项实验中，165 名受试者被分成了两组，他们均被要求制定一个目标，然后随意选择一个日期开始执行目标。第一组受试者得到的是一列格式一致的日期，第二组受试者也得到了一列日期，不过立春（3 月 20 日）那天被做了特殊的标记。结果显示第二组受试者更倾向于选择立春日作为执行目标的起始日。研究表明，被标记为“第一天”的日子往往会暗示人们这是一个全新的开始，作为时间路标，它比其他日期显然更具吸引力。

时间路标可以是新年的第一天，每个月的第一天，一周的开始，或者是某个特殊的节气。人们在新旧交替的特殊日子里，心理上倾向于与过去那个不完美的自己决裂，迫切地想要开启一种全新的生活方式，期望在新的岁月里成就更美好的自己。时间路标给了人们从头开始的动力，我们在设定目标时，只要把握好某些标志性日期，往往会收到意想不到的结果。

小妍喜欢在特殊的日子制定目标，周一会兴致勃勃地写下周计划，每月的 1 号会制定月计划。她相信每个日期的转折点，都代表着旧时光的结束和新生活的开始。在万象更新的日子里，她对未来总是充满期待，很多新想法不知不觉就冒出来了。7 月 1 日，她给自己制定了新目标，打算学习西班牙语，等到掌握了一定的日常用语以后，便会只身飞往巴塞罗那，感受一下当地特有的风情。同月周一，她给自己制定了一个小目标，多看一些菜谱，慢慢提升厨艺。

由于选对了时间路标，小妍的目标全部实现了。她的厨艺有所进步，西班牙语也有了很大的长进，时机成熟时，她如愿以偿地去了巴塞罗那，不仅饱览了那里的旖旎风光，还了解了当地的风土人情，结交了一些新朋友，玩得非常开心。

岁月就像公路，你必须掌握好自己的时间路标，才能开足马力奔向梦想的地方。找准时间路标是非常重要的，但这并不意味着把握好了时机，你的目标就一定能实现。现实生活中，我们经常看到有人在全新的日子里挥笔写下了一个又一个口号似的响亮目标，如我要成为社交达人，我要出人头地，我要成为一个快乐幸福的人等等。这些目标全都缺乏实质性的内容，充其量只是一些空洞的声明而已，如果接下来的一周、一月或一年里，真把这些看似令人热血沸腾的目标当成信念作为支撑，那就什么事情都做不成。那么，我们该怎样制定合适的目标呢？

首先，你必须弄清自己想要取得什么样的成果。比如你的目标是成为社交达人，你就必须弄清构成社交达人的基本条件。一个人要拥有多少朋友才能被称为社交达人？受欢迎程度要达到什么级别才能荣升为社交达人？再比如你想成为一个快乐幸福的人，你就必须知道快乐幸福的条件是什么？在你眼里，什么才是真正的幸福？是有房有车，过着富足自在的日子幸福，还是物质条件一般，只要精神自由，你就能感到幸福。

其次，你必须知道自己该如何实现目标。比如你的目标是在一年内减重30磅，那么，该用什么样的方式实现它呢？每天坚持半个小时的有氧运动不失为一种有效的方法。再比如你的目标是月收入达到8000元，那么，你是想通过提升业绩多拿奖金的方式实现这一目标还是想通过升职加薪的方式，直接实现目标。制定目标时，切忌纸上谈兵，一定要拿出切实可行的行动方案来，否则一切都只能成为空想。

再次，你需要认识到，理论上说，时间路标能激励你成为更好的自己，可以帮助你摆脱过去的影子，但真正要让时间路标发挥作用其实并不容易，正所谓“积习难改”，和自己多年养成的坏习惯说再见，是一件有很大难度的事情，对每个人来说都是一个不小的考验。假如一个烟民在新的一年里制定了戒烟的目标，那么，怎样才能让时间路标发挥指导性作用的？

最简单的方法就是列举出实现目标的好处和坏处，通过权衡比较，让人意识到实现目标对于自己的人生是非常有益的。想戒烟的人可以总结出戒烟的若干个好处，比如戒烟可以让人长寿，让你活得更健康；戒烟之后，你的家人不用再吸二手烟了；从此你不必担心自己在公共场所吸烟被制止或被罚款；你身上不再有难闻的烟味，个人形象将有所提升……

当然任何一个事物都是一枚硬币的两面，戒烟也是如此，它虽然有诸多好处，但也有坏处，比如从此你将无法通过吸烟排解不良情绪；戒烟的初期你会感到很不适应，觉得日子非常难熬等。经过分析比较，你会发现戒烟的好处大于坏处，得出的结论是这个目标值得你竭尽全力完成。对于其他目标，可以参照同样的方法，通常情况下，能收到比较良好的效果。

运用 SWOT 分析法，找准坐标

制定目标的过程好比为自己的未来倾心描画蓝图，然而你的描绘若是与你所处的现状不符，你精心描画的蓝图就会变成一张毫无用处的废纸。一个人制定的目标是否具备切实的可行性，取决于他对自己及处境的认识，骄傲自大的人常常制定遥不可及的目标，目标实现的机会十分渺茫，妄自菲薄的人则倾向于把目标设定得非常低，徒然浪费了自己的天赋和才华。

一个人只有充分了解自身的优势和不足，才能找准人生坐标，制定出最适合自己的目标。正所谓“金无足赤，人无完人”，每个人身上都是优缺点并存的，世上没有百分之百完美的人，也没有百分之百一无是处的人。如果你集合了无数的优点，千万不能目空一切，因为优点突出的人通常也具有比较突出的缺点。假如你拥有很多显而易见的缺点，也不要过于自卑，因为除了缺点以外，你身上还潜藏着很多未被发现的闪光点。

充分认清自己的长处和短处，合理地扬长避短，将优势最大限度地发挥出来，同时，在可能的情况下努力克服自身的不足，能促使你更快更好地达成目标。设定目标时，除了了解自身以外，还要考虑外部环境的因素，因为外部环境在很大程度上能够制约目标的实现。我们可以采用 SWOT 分析法分析现状，弄清自身的优势、劣势以及外部的机会和威胁。运用这种方法可以让你对自身的优势、劣势产生更客观的认识，同时，有助于你对自身的现状以及未来的发展前景做出更好的预估和判断，促使你在错综复杂的情况下能迅速找出对自己最有利的值得发扬的因素，避开对自己最不利的因素，进而令你做出最明智的决策，找到最优解决方案，促成目标的实现。

优势 Strength	弱势 Weaknesses	自身条件
机会 Opportunities	威胁 Threats	外部环境

在出国热潮兴起的时候，高鸿给自己制定了出国的目标。在设定目标的过程中，他对自身的优劣势进行了详细的分析，优势包括两点：1. 分数高，成绩优异，符合出国的基本条件；2. 出国愿望强烈，动力十足。劣势也包括两点：1. 没有留学的资金；2. 支持性人际关系缺失。经过一番分析，他认为自己最大的优势是成绩优秀，最大的劣势是资金不足，只要攒够了钱，就能扫清出国路上的一切障碍。他白天尽可能抽出时间到培训机构授课，晚上做兼职翻

译，渐渐积累了一笔资金。此外，他还拼命地学习，希望靠奖学金解决出国费用问题。可是后来国外针对留学生的政策发生了改变，奖学金取消了，他的出国之路因此受阻。

高鸿在总结经验教训时，认为自己的目标没能达成，最重要的原因是在制定目标时没有充分考虑外部环境因素，由于外部环境的改变，他的目标顷刻间变成了不可能完成的任务。之后，他又给自己制定了新目标，决定创办一个外语培训机构。这次他采用 SWOT 分析法对内外因素进行了全面分析，其中个人优势包括：1. 他积累了丰富的教学经验；2. 有一定的社会实践经验；3. 英语水平较高。劣势包括：1. 缺乏创业经验实践；2. 没有形成完善的办学思想体系；3. 资金不足。机会包括：1. 社会上兴起了学习英语口语的热潮，市场需求旺盛；2. 国家鼓励年轻人创业，并出台了扶持的政策。威胁包括：1. 外语培训机构竞争激烈；2. 人们更倾向于选择美誉度较高的大型连锁外语培训机构，刚刚兴办的小型培训机构吸引力相对较弱。

高鸿认为现在国内英语培训的市场需求非常大，该行业发展前景非常好，这是他创业的最大优势所在，况且他本人毕业于名牌大学，又有丰富的执教经验，教学水平较高，不愁吸引不来学生。在创业初期他会面临很多困难，比如资金和经验不足的问题，竞争力较弱的问题，这些困难都是可以克服的，他可以利用现有资金租几间面积较小的教室，等到盈利了再扩大规模，办学经验可以慢慢积累，等到他的培训机构变成了品牌机构，竞争力自然增强了。经过全面分析以后，高鸿信心满满地写下了创业计划。

我们知道，任何事情有利就有弊，所谓的优势与劣势、机会与威胁在一定条件下都是可以相互转化的。譬如生铁具有质地坚硬的优点，但是缺乏柔韧度，十分容易折断，所以其硬度大的优势在某种情况下转化成了劣势。熟铁不如生铁坚硬，但是由于硬度小，韧性非常好，其硬度小的劣势便转化成了优势。在某种特殊的条件下，你是完全有可能把自身的劣势转化为优势的，所以不要因为自己在现阶段存在某种不足而灰心丧气。在认清自身劣势的情况下，要想方设法化不利为有利，尽可能地达成目标。

很多时候，机会和威胁是相伴相生的，有时危机也能变成有利条件，拒绝一切风险，就等于把机遇关在了门外。不要忌惮外界的不利因素，而要尽量看到威胁后面潜藏的机遇，从而使自己信心满满地面向未来的生活。

只有一个目标往往意味着灾难

人的一生很漫长，那么，一生中要制定多少个目标才合适呢？答案是无数个，你的目标最好像一架爬不完的梯子一样，无时无刻都能给你向上攀登的动力。也许你会说，这样活着岂不太累，制定一个目标不行吗？这样目标实现后就可以一劳永逸、高枕无忧了。这种想法是不符合心理学的，心理学研究表明，目标实现后获得的满足感是短暂的，而空虚感则是无穷无尽的，只有一个目标往往意味着灾难。

哲人说，人生有两大悲哀：一是目标没达成，二是目标达成了。目标实现不了难免产生挫败感，但是目标达成了为什么还会悲哀呢？这是因为目标达成以后，你就不知道自己该何去何从了，内心将感到无比茫然。这就好比你的人生进入了某个瓶颈期，日后再也没有进步的空间了，触到一个无形的天花板之后，再也不能成长了。这确实是一种悲哀。想要摆脱这种悲哀，打碎阻碍你成长的天花板，唯一的方式就是多制定几个目标，一个目标实现后继续制定新的目标，千万不要让自己长久停留在无所事事的状态中。

小姜最大的目标就是成为全校第一名，为了这个目标，他寒窗苦读多年，每天第一个到教室里上早自习，晚上又是最后一个离开教室的，连周末都要抽出时间来学习。在同龄人追逐嬉戏的时候，他在操场的大树旁大声诵读课文；在同学忙着参加各种文娱活动或体育竞技的时候，他在教室里埋头做题。他几乎把所有的时间和精力都投放到了学习上，舍不得浪费一点时间。

拼搏了两年以后，他终于如愿以偿，成为了高三年级全校的第一名，他的名字赫然出现在榜单第一排的位置上，所有的老师都对他赞不绝口，说他是功夫不负苦心人，号召全校同学向他学习。他还像往常一样学习、生活，可是常有一种空虚的感觉萦绕心头，他总感到百无聊赖、精神涣散，有时还感到非常孤独。他不知道自己究竟是怎么了？获得全校第一名不就是他想要的吗？为什么目标实现后他会像泄了气的皮球一样，没有了斗志、没有了生气，无论做什么都觉得无意义？

挣扎了很久，他才知道问题出在哪里，而今的他虽然得到了渴盼已久的荣耀，但是却彻底迷失了方向，以前他从未想过名次荣登全校榜首以后，自己还要做什么，而今想来他依旧感到困惑，是继续保持第一名吗？那不等于原地踏步吗？可是除此之外，他还有进步的空间吗？

人生是一个不断进步、不断成长的过程，你只有不懈地追求，才能更充实、更快乐。新的目标会给你带来奇妙的新鲜感，激发你的斗志和好奇心，只要你愿意，随时可以尝试全新的东西。有的人在完成一个重要目标后，便不知道该追求什么了，以为值得追求的东西自己已经全部得到了，所以就觉得接下来的人生失去意义了。

这是一种非常错误的想法，其实世界上值得你体验和追求的东西是无穷无尽的，它们就在你身边，用心去感悟，你就会发现纵使你穷尽一生，也不能将所有有价值的事情都做完。

如果你完成了某个重要的学习目标或职业目标，发现自己已经达到了顶峰，日后不可能再有更大的发展了，就可以把注意力转向生活领域。制定一些具有挑战性的生活目标，同样能为你的生命注入新的活力。假如你现在还不会开车，可以尝试着考取驾照，把掌握一项新的生活技能当成近期目标。学会开车以后，你可以体验一下自驾游带给自己的乐趣，把驾车周游五湖四海当成全新的目标。驱车走遍万水千山之后，你可以尝试着写写游记、拍拍图片，把摄影和写作当成新的目标。总之，只要你对生活始终怀有热情，就总有新的目标在前路上等待着你。

不断设立新的生活目标的前提是，你必须是一个兴趣广泛的人，如果除了追求学业和事业以外，你没有任何爱好，那么，当完成最重要的目标后，极有可能失去方向。现在没有爱好不要紧，你可以慢慢发现、慢慢培养新的爱好，尝试着练练书法、学学插花、养养宠物，用不了多久你就能发现新的目标。

第四章

达成目标的心理学方法

萧伯纳曾经说过：“人生真正的快乐，在于对自我认同之崇高理想的不懈追求。”无论何种性质的追求都不能只停留在嘴上、纸上或是潜藏在心里，你只有付诸行动，达成目标，才能不负此生。与语言、文字相比，行动才更有价值。但是任何行动都必须有思想意志的指导，否则它就是盲目的、不可取的。

达成目标的过程是行与思的结合，你必须充分考虑自己的心理因素，才能从自己的内心发掘出无穷的力量，进而不断地激励自己，步步为营地实现目标。不要以为自己有了计划，按照计划按部就班地行动就万事大吉了，忽略了自己的真实感受和心理需求，大多数目标都是完不成的，因为你会人为地给自己制造各种烟雾弹和障碍。即使侥幸实现目标，后果也是可怕的，因为最后的结果给你带来的可能不是喜悦和快乐，而是痛苦和后悔。所以，掌握一定的心理学知识是非常有必要的，这些知识将帮助你在愉快的状态下更高效地达成目标。

真正的力量源于内心

罗杰在一次座谈会上，要求一名学员跟自己一起设定一个目标。他指导那名学员说："现在，你可以先选一个你最喜欢的角色。"学员毫不犹豫地回答说："父亲。"罗杰问："你认为就父亲这个角色而言，最重要的目标是什么？"学员说："改善和儿子的关系。""你为什么会想到这个目标？"罗杰又问。学员有些难过地说："因为我们之间出现了裂痕。"

"那么你打算怎么改善父子关系？"罗杰问。"他学习很吃力，体育又不好，最近面临着很大的压力，那些压力很可能会对他的人格造成负面影响，我想在他需要我的时候我能尽可能地待在他身边，默默支持他、鼓励他，帮助他渡过难关。"学员流露出了慈父的一面。"你为什么要那样做？"罗杰追问道。"因为我想帮助他走上正途。"那名学员说。罗杰对这个答案似乎仍旧不满意，继续问："为什么？""他需要我的帮助。"学员说。

"你为什么会有这个目标？""为了帮助他。"他们之间的对答像是进入了某种死循环。"为什么？"罗杰又不依不饶地追问了一句。学员不知该怎么回答才好，支吾着说："因为我是他父亲，这是一个做父亲的应该尽到的责任。""你为什么一定要帮他？"罗杰又抛出了一个问题。学员表情尴尬，开始有点语无伦次了："因为……因为……"坐在他旁边的另外两个人再也看不下去了，忍不住提醒道："因为你爱他呀。"

其实，那名学员每一句话语都充满了浓浓的父爱，在场的所有人从他的目光里、语调里都能感受到父爱的存在，可是他自己却从未把那个字说出口。听到旁人的提醒，他不好意思地点点头："是啊，因为我爱他。"

如果没有精神力量的支撑，人生道路上只剩下一连串沉重的责任，那么，所有的目标都将成为负担，即使你勉强为之，怕是也无法跨越最后的终点线。完成目标需要的不是一种鞠躬尽瘁的牺牲精神，也不是任劳任怨的态度，而是一种发自内心的驱动力。促使一个父亲为子女倾尽一切的不是责任，而是深沉的爱。

任何一个目标若是没有内在动力作为依托，是很难被完美地执行下来的。执行目标需要有燃烧不尽的热情作为支撑，假若目标尚未达成，你心中的火焰便提前熄灭了，即使你有再强的意志力，也很难保证自己在未来的行动上不大打折扣。这样的例子在生活中比比皆是，比如很多女孩都想要拥有幸福美满的家庭，可以为婚礼忙上好几个月，为的就是给双方留下永生难忘的珍贵回忆，可是当婚礼结束，灯光淡去以后，年轻的新娘整天为柴米油盐酱醋茶等琐事操心，心情越来越消沉，往日的热情不再，怕是很难建立幸福美满的家庭了。

在执行目标的过程中，千万不要忘了找到永葆热情的有效方法，你必须找到自己的动力源泉，唯有如此，你的目标才会保持恒久的吸引力，促使你持续地朝着同一个方向努力。那么，该怎么寻找内在驱动力呢？答案很简单，你只要列出必须实现目标的充分理由就可以了。故事中的父亲实现目标的理由只有一个，那便是他深爱着自己的儿子，想要让儿子过上积极健康的生活。你在执行目标之前，可以列举出一个或若干个理由，把这些理由深深地印在自己的脑海里和心灵上，日后不断鞭策自己朝着目标的方向奋力前进。

假如你的目标是戒酒，那么可以给出的理由有很多，比如：戒酒会使你头脑清醒，让你少做一些鲁莽的蠢事。在生活中，酒后误事、酒后闯祸的现象比比皆是，你若是远离了酒精，就不会上演同样的闹剧了。戒酒最大的好处是可以帮助你改善与家人及朋友的关心，使你挽回濒临破碎的家庭或友谊。我们知道，酗酒者控制情绪的能力较差，而且由于长期沉溺于酒精，无暇照顾家人、联络朋友，在各方面表现得比较失职，难以承担起自己扮演的社会角色，如果你能成功戒酒，就能扮演好好父亲（母亲）、好朋友的角色，成为一个令人尊敬的、有担当的人。

当然，戒酒还有很多好处，包括能让你更健康，使你看起来精神状态更好，使你工作更顺心等，但是促使你执行戒酒目标最主要的动机是，你爱自己的家人，不想失去妻子（丈夫），不想失去子女，这是一种普遍的情感，尽管很普通，但却非常强烈。

内在的支持力量可以让你面目一新，成为和过去完全不同的自己，你将发现改变自己并没有那么难，只要肯用心，万事皆有可能，达成目标只是一件水到渠成、顺理成章的事。

每天一篇日志，为目标存档

完成目标有时是一个相当漫长的过程，如果没有有效的监督，你很有可能因为各种各样的原因变得散漫懈怠。那么，该怎样改变这种现状呢？方法很简单，你只要坚持为目标写日记就可以了。每天记录执行目标的情况，把它当成一种特别的考勤表，用来考察你的执行情况。需要注意的是，最好不要像记流水账一样写日记，因为那样做，你很快就会对它产生厌倦情绪，不久就会敷衍了事，将其视为无聊的日常程序，如此一来，写日记的行为便完全没有价值了。

一篇日记可以包括很多内容，你可以以自己喜欢的方式详细记录一天所做的事情，用饱含热情的语言细腻地描摹自己的内心感受，随时写下自己的所思所想，要让自己感到像写随笔一样放松愉快。此外，你还可以将执行目标时出现的失误记录下来，把应当吸取的教训和需要改善的方法认真写下来。

把写日记当成一种愉快的体验，而不是心理负担。每次写日记时，先在脑海里回顾一下自己的执行成果，重温一遍完成部分目标或是一个小目标后的喜悦心情，然后拿出称心如意的日记本，把自己的点滴感受用文字表达出来。需要注意的是，选择日记本的时候，要选用富有质感和触感的页面，封皮最好厚重美观。不要随便找个本子记日记，因为观感太差会影响你写日记的状态和心情。郑重地选择可意的日记本，反映的是你对这件事的认真态度，这点是非常重要的。

接着你需要找一支手感舒适、书写流畅的笔，这样你就可以充分享受它在富有质感的纸张上沙沙作响的微妙感觉。如此，你就不至于把写日记当成一种无趣的功课，而会把它当成一种值得期待的乐事了。字体要尽可能工整，切忌潦草，书写的内容要方便日后查看，所以，千万不要把字写得龙飞凤舞，使自己辨识不清。

日记可以作为情绪的晴雨表，能很好地反映你在执行目标的过程中情绪的微妙变化和起伏，可以为你克服自己情绪的问题提供有效参考。日记当中最有价值的部分当属心得，因为它记录了你在执行目标中所有的收获，既能起到激励作用，又能为你的未来指明方向。

有一位年过花甲的老人制定了一个匪夷所思的目标，他要从纽约步行到2300多公里以外的迈阿密。这样的挑战对于年轻人来说，都很难实现，更不要说年老体弱的老者了。老人长途跋涉，历经艰辛，克服了途中遇到的各种困难，最后终于到达了终点。

这位老人的事迹很快引起了媒体的注意，有位记者采访了他，问他是如何徒步走完全程的，究竟是什么力量支撑他完成这个匪夷所思的目标的。老人回答说："我每走一天，都会写一篇日记，认真估算自己走过的里程，详细记录途中的见闻，把沿途的优美风光和风土人情也写了下来。我感到徒步旅行是一件非常快乐的事情，尽管对于像我这把年纪的人来说，走这么远的路真的很不容易，但是我坚持下来了。一步一步走到了终点。"

记者提出要看看老人的日记，老人爽快地答应了。在记者翻看日记的时候，老人解释道："尽管这本日记表面看来很像游记，但是它跟游记是完全不同的。它是为目标服务的，里面有很多心得以及经验总结。比如有第一篇日记我写道：'今天我像急行军那样徒步走了40公里，脚上起了血泡，双腿发软，忽然觉得整个旅程就像一场艰难的苦役，萌生了退出的想法。'在总结经验教训时，我写道：'我不该忙着匆匆赶路，目标终有一天会完成的，我应该充分享受整个过程。'此后就不再那么心急了，每天都以旅行家的心态赶路，边品美食边欣赏沿途的风光，结果不知不觉就走完了全程，一点也不觉得辛苦。"

写日记最重要的是及时性和同步性，如果你把一天内发生的事情拖上一天或拖上几天再写，心境就不同了，写出的东西味道全变了，它的参考价值也将大打折扣。记完日记后，每天花5分钟温习一下自己的目标，想象一下目标达成之后的快乐感受。

闭上眼睛，尽可能让那副美妙的图画在脑海里清晰地呈现出来，画面越逼真越好，细节越生动越好，把自己代入特定的情境中，用心体会那种兴奋愉悦的感觉。然后缓缓睁开眼睛，认真阅读一遍自己写下的日记，思考一下在新的一天里自己都取得了哪些进步，目前正处在什么阶段，离最终目标还有多远，以后如何一步步向目标靠近。按照这种方法，把目标逐渐变成现实。

及时送上小礼物，告诉自己你很棒

心理学研究表明，在没有任何激励和奖励刺激的情况下，人的能力只能发挥20%，而在受到激励以后，同一个人的潜能至少能发挥到80%，这充分说明激励对于目标的实现起到至关重要的作用。生活中大量的实例证明，奖励能使你表现得更好。比如经常受到表扬的学生往往比同龄人更优秀，常常获得高额奖金的员工工作表现更加出色。即使是小动物也是需要激励的，得到食物奖励的动物往往更乐于配合驯兽师，奉上的表演也更加精彩。要想调动自己的积极性，更快更好地实现目标，你必须适度掌握自我激励的方法。

每实现一个目标，哪怕是一个微不足道的小目标，你也应该犒赏自己。奖品任由你选择，只要自己喜欢就可以了。它可以是一款很酷的跑鞋，一部时下流行的音乐播放器，一件漂亮的衣服，一双好看的鞋子或是一顿丰盛的大餐。奖品必须是赏心悦目、能够激发你美好感受的，但是不能和目标存在冲突。你正在执行减肥目标时，绝不能用高热量的甜点奖励自己；你正忙着考雅思的时候，最好不用可能让自己分心的东西奖励自己。比如你是音乐的发烧友，沉浸在音乐中的时候什么都不想做了，最好不要买音乐播放器。

奖品可以是有形的礼物，也可以是无形的享受，你可以用一场说走就走的旅行奖励自己，也可以精心做做头发，给自己放一天假，不履行任何义务，不做任何事，只是随心所欲地做自己喜欢的事，比如闲暇时间侍弄侍弄花草，坐在花树下眯起眼睛晒太阳，抑或是舒服地躺在草地上随意地遐想。总之，一切要都以自己开心为前提。

有些人或许认为过早地奖励自己，会不会促使自己提前享受到了满足感，以至于不利于目标的最终实现。其实，只要奖励设计得足够科学，这种事情是不会发生的。在终极目标没有完成前，不要把奖励提高到最高规格，奖品要适度，既要给自己带来一些积极的感受，又不能让自己过早地得到最大的满足。

人生犹如股票，虽然有无数的起起落落，但在大部分时间里价格都是比较稳定的，价格涨到顶峰的情况是很少的。绝大多数的时间里，你都在忙着执行目标，达成目标的时刻不过是一个小小的节点，它代表着你能力到达的最高峰，对你来说弥足珍贵，所以你应当奖励自己，让自己铭记和回味这样的时刻，以便更好地展望未来，以更积极的心态面对接下来的路程。

董颜刚来北京的时候只是一个一无所有的大学生，她租住在十多平方米的狭窄出租屋里，每天都要坐两个小时的公交车上班。地铁价格上涨以后，她几乎再也没有乘坐过这种方便快捷的交通工具。刚毕业那年，她的日子过得很艰难，几乎每天都只是吃一碗便宜的泡面，陪同学逛商场的时候，她几乎什么都不买，把省下的钱全都存进了银行卡里。

为了摆脱这种晦暗的日子，董颜给自己定下了一个目标，三年之内她一定要成为公司里最有价值的员工，过上自己想要的生活。董颜每天都在朝着这个目标努力，每实现一个小目标，她都会奖励自己，有时会给自己买一条漂亮的裙子、精致的手链或是其他精巧的小饰品，有时会开心地喝一杯红酒，高高兴兴地吃一顿丰盛的晚饭。这些小小的奖励让她灰暗的生活变得温暖起来，不管日子过得多么拮据，她的心境始终都是明朗的，就这样三年转眼过去了，她一次又一次获得了晋升，终于成为了老板眼里最有潜力最有价值的员工，报酬也水涨船高，从此，她过上了心目中的理想生活。

及时地为自己送上一份小礼物，给自己一个肯定、一个鼓励，告诉自己你真的很棒，将积极的意识植入到潜意识里，你会更努力地朝着下一个目标前进。日本销售大王夏目次朗每次完成目标后，都会给自己一份或大或小的奖励，取得大成就就给自己大奖励，取得小成就就给自己小奖励，有时他会买一套新衣服奖给自己，有时会看一场精彩的电影。生活中，你可以根据目标的大小给自己制定一套合理的奖励制度，随着目标难度的增加，相应地增大奖励。

小奖励不能耗资太多，最好是享受一日沙滩阳光，给自己买束花，到绿茵场上打一场高尔夫之类的。大奖励可以适当提高花费的额度，比如到某个旅游胜地泡一次温泉，到高级餐厅吃一次豪华大餐，抑或是买一款限量版的皮包。

需要注意的是，一定要在目标完成以后，才能给自己奖励，绝不能先拿奖励后执行目标，否则奖励就失去效用了。自我奖励要注意方法和额度，一切以激励自己为核心，千万不能为奖励而奖励，把对目标的追求抛诸脑后。要明白，奖励是为目标而服务的，任何时候都不可以本末倒置。

相信什么，就能实现什么

在这个世界上，有两样东西最具说服力：一是因果定律，二是逻辑。因果定律揭示的是不容置疑的因果关系，是解释各种现象的基础，逻辑则是在因果定律的基础上推导出的不容辩驳的严密结论。将因果定律和逻辑结合起来，得到的就是老鼠定律，即 RAT

法则。

老鼠定律可以简单地描述为你想要看到某个情景或结果，必须具备相关的条件或因素，并在时间的进程中实现目标。你也可以这样理解，当所需的条件或因素全都具备时，你确信自己能实现目标，想要的情景或结果就会出现。

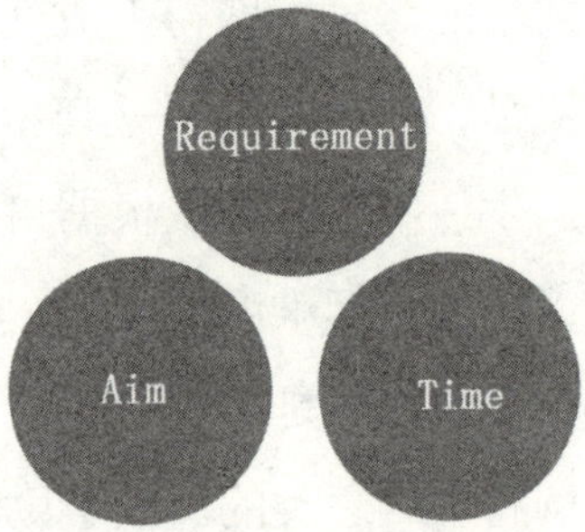

R：指的是 Requirement，完整的条件或因素。

A：指的是 Aim，设定情景或结果。

T：指的是 Time，当下的过程。

以早起为例，假如你每天晚上 10 点入睡，早上 6 点起床，醒来之后感到精力充沛、神清气爽，醒来后神清气爽便是 RAT 法则中的 A，代表的是你设定的情景和结果。R 和 T 分别指的是什么呢？我们可以通过逻辑推理的方式，推导出 R，首先从日常生活现象分析入手，人在疲惫的时候，比平时更容易犯困，早上不愿起床，这是气血不足造成的，说明人体要靠嗜睡调节气血、养足精神。从晚 10 点到早 6 点，睡眠已经达到了 8 小时，足以帮助人补充足够的气血，所以你自然醒之后就会精神十足。R 指的是 8 小时高质量的充足睡眠，至少要保证你能养足气血。

T 代表的是促使结果出现的过程，它比较考验人的耐力，如果你没有足够的耐心，那么，设定的结果只能成为设想，无论如何也不可能转化为现实。仍以早起为例，你必须坚持每天都要在晚 10

点就寝，不得熬夜，这样才能保证自己早上 6 点自然醒来，而且精神十足。好习惯的培养需要一个过程，耐心和坚持是关键。T 指的是当下的过程，而不是指未来。无论想实现什么目标，你都必须学会关注当下，而不是遥看未来。因为未来是虚无缥缈的，你所能把握的唯有当下。

老鼠定律中的 R、A、T 三要素是相辅相成的关系，你必须对自己设定的目标深信不疑，确信想要的结果能真正实现，才能寻找有利的条件或因素，着眼现在，付出大量的努力，促成目标的达成。假如你对想要的结果持怀疑态度，尽管满怀期待，但仍觉得它不会真正出现，就不会为寻求完整的条件或因素而努力，更不会付出实质性的行动，目标也就不能实现了。也就是说所有问题的关键在于你是否相信，你相信什么就能得到什么，内心有一丝的游移都有可能满盘皆输。

有位母亲带着女儿裁制新衣，找了很多家店铺，都没找到合意的。朋友告诉她某某街角有一家不错的裁缝店，开设了很多年了，那里的女裁缝手艺一流，裁制新衣既合身得体，又美观大方。那位母亲带着女儿走进了朋友推荐的店铺。

母亲精心挑选了一些布料，表明是想给女儿做新衣。女裁缝马上起身，准备给小女孩量身。母亲这才发现那个裁缝是个残疾人，只有左手和左脚，站立走路都需要拄拐。看到这种情景，她不禁错愕不已，心想裁缝这个样子，她能做衣服吗？莫不是自己走错了店铺？女裁缝看到客人惊讶的眼神，一眼就看穿了对方的心思，于是微笑着问道：“你不相信我吧？”

那位母亲连忙说：“不，不，我相信你，你有这么大的店铺，想必手艺不错。”这话说得十分牵强，让人觉得言不由衷。女裁缝并不介意，动作娴熟地给小女孩量完了尺码，然后告诉那位母亲隔几天来取衣。

那位母亲按照约好的日期再次走进那家店铺的时候，看到了做好的新衣，她真不敢相信那么漂亮的衣服居然出自残缺的女裁缝之手。女裁缝又问：“你还是不相信我吧?”这次那位母亲没有敷衍，直截了当地说：“这怎么可能?”感觉到自己的失态后，她马上改口道歉道：“真对不起，希望你不要介意我刚才的话，你的手艺真是出奇的好，做出的衣服比商场里售卖的还好看。”

女裁缝告诉她，16 岁那年，一场车祸夺去了她的右手和右脚，当时她感觉天塌下来了，认为自己的人生没希望了，可是父亲鼓励她说哪怕只剩下一只手和一只脚，也能做成自己想干的事。她从小心灵手巧，喜欢缝补东西，残疾之后仍然没有放弃这个爱好，她始终相信自己凭借一只手也能做出漂亮的衣服来。经过多年的努力，她终于开起了裁缝店，手艺越练越精，现在无论制作什么样式的衣服都不再费力了。那位母亲听了女裁缝的故事深受感动，她再次为自己的失礼道了歉，然后带着复杂的心情离开了店铺。

眼见为实，认为只有亲眼看见的东西才是可信的。但心理学家告诉我们，只有相信，才能看到。你想看到自己设定的结果变成现实吗？你想看到目标达成的景象吗？不要以为等到这一切真实发生了，自己才能选择相信，因为在最初阶段，你选择了怀疑而不是相信，任何有可能转化成现实的目标，都会因为你的信心不够坚定而成为泡影。老鼠定律告诉我们先选择相信自己，美梦才能成真。

任何人都需要副驾驶

有时候向目标挺进的过程就像一场孤独的朝圣，无论你的表情多么肃穆，内心多么狂热，时间久了，身体状态和心理状态都会发生一些变化，在这个世界上，孤独和寂寞毕竟都是最难熬的。你也许有能力战胜挫折，但是最终很有可能败给寂寞。那么，有什么方法可以消除寂寞呢？最直接的办法就是找一个志同道合者一起执行目标。

你也许会认为完成目标是一个人的事，找一个搭档是一件很不靠谱的事，有些事情只适合一个人默默完成。事实上，只适合一个人完成的事情是极少数的，大部分事情你都可以跟别人一起做。有了志同道合者之后，你们可以彼此督促，互相分享经验，共同成长和进步，不仅能帮助你更快更好地完成目标，还能杀死你前进道路上最关键的敌人——寂寞。

譬如你制定了一个长跑计划，一个人慢跑是一件很无趣的事，也许坚持不了多久，你就想放弃了。身边多了个伙伴则完全不同了，你们一起奔跑、一起流汗，一起欣赏拂晓的朝霞，那种意境和感觉，与你一个人的时候是不同的。人常说“物以类聚，人以群分”，如果你和自己的搭档有相同的志趣和追求，那么，一起为共同的目标而努力有什么不好呢？

其实，最好的搭档就是你身边最亲密的人，有些目标是非常适合和家人一起完成的。比如你制定了一个储蓄计划，打算若干年后迁居到另一座城市生活，重新购置一间大房子，你必须获得另一半的配合，才能实现这个目标。如果只是你一个人默默地努力存钱，你的妻子或丈夫却一直无所顾忌地拼命花钱，这个目标就是永远也不可能实现的。再比如你制定了一系列的生活小目标，包括游泳、爬山、骑车、划船、踏青等，一个人逐一实现这些目标虽然也能从中找到些许乐趣，但是远不如和家人一起实现目标开心。想想一家人泛舟、踏青将是多么欢乐的场景，教孩子骑车、游泳又是多么快乐的事情啊！

杨旭婚前喜欢一个人单独完成目标，婚后就完全不同了，多数目标都是跟妻子共同完成的。两个人在家务分配、作息时间、财务问题和未来规划上都要达成一致。他的计划是三年内还清所有的房贷，尽量陪伴妻子做一些户外活动，开始学习烹饪，掌握几道拿手好菜。由于两人的步调保持一致，他的目标很顺利地实现了。三年后，他还完了房贷，学会了做菜，身体日益强壮，最重要的是编织了很多甜蜜的回忆。

有些目标是跟父母一起完成的。杨旭的父母都很喜欢养花，杨旭也分外爱花，所以他经常抽出时间来和父母一起给花浇水、一起修剪花枝，他们种的花长势都非常好，不仅香浓色艳，而且颇有灼灼其华的盛况，吸引了很多邻居前来观看。父母和杨旭都喜欢饭后散步，两代人经常一起外出散步，这成为了附近一道独特的风景。

回首往昔，杨旭发现以前一个人独自执行目标的时候，总会遇到半途而废的情况，但是和家人共同完成目标时，几乎所有的目标都实现了，想来一个人路上太寂寞，多一个搭档或伙伴，多一点欢声笑语，无论是大目标还是小目标，都会变得易于实现。

《欲望都市》里有一句经典台词是："你需要一个副驾驶。"是的，在人生的道路上，一个人开车太过寂寞，副驾驶虽然未必能代替你掌控方向盘，却能陪你走完全程。执行目标的感觉也是这样，如果你设定的是一个长期目标，一个人默默走来，会感到格外疲惫和艰辛，倘若换一种生活方式，学会与家人相濡以沫，和朋友互相祝福、互相鼓励，那么，完成目标的过程就不至于那么苦涩，结果也会更加令人满意。

如今，已不是一个单打独斗的时代了，你要学会改变这种生活方式，要知道，通常情况下两个人或多个人的力量要大于一个人。想想小时候做作业的情景吧，和小伙伴写作业，你是不是完成得更快更好，而一个人的时候总是完成不了家庭作业？工作的时候，有个能干的搭档是不是会让你事半功倍？和家人、朋友无论在一起做什么事，是不是更开心更有趣？不要低估了别人对你的影响力。在很多时候，支撑你走到最后的不是野心、欲望，也不是成就感，而是人间的温情。人是一种群居动物，你没有办法用自己的左手温暖右手，如果前路太崎岖、旅途太寂寞、天气太寒冷，除了向你所爱的人取暖以外，别无他法。

不要让行动偏离目标航道

我们都非常熟悉土拨鼠的故事，它是一位老师在课堂上讲述给学生们的，说的是三只猎狗拼命追赶土拨鼠，土拨鼠情急之下钻进了树洞，树洞仅有一个出口。不久，树洞里钻出一只兔子，兔子快速地爬上了另外一棵大树，它没站稳，从树枝上掉了下来，把树下的三只猎狗砸晕了，最后兔子幸运地逃过了一劫。老师问学生故事存在哪些问题，有的回答说兔子不可能会爬树，有的说兔子从树上掉下来时根本不可能砸晕三只猎狗，没有人注意到土拨鼠哪儿去了，它就这么凭空消失了，所有人的思维都被突然钻出的兔子扰乱了。

我们在执行目标的过程中，也可能犯同样的错误，因为一只又一只突然闯进视野中的兔子，忘记了最初的目标土拨鼠，从而偏离了正确的轨道，最终与目的地渐行渐远。虽然在奔向目标的道路上，我们不可能一直走直线，在不同的阶段都要根据实际情况调整目标，可是这只是局部范围内的微调，根本不会影响最初设定的目标。

有点生活常识的朋友都知道，飞机从一个地点飞往另一个地点，所走的路线并不是直线而是曲线，因为飞机飞行是靠地面上的雷达导航的，地球的两端通常是曲面而不是平面，两个雷达站之间的连线是曲线，飞机自然要曲线前进了。可是这并不影响它飞往最终的目的地，你如果想从北京飞到纽约，飞机绝不可能把你带到悉尼。这说明微微调整航向是不会影响最终结果的，只要保证行动不偏离正确的轨道，目标终归是能顺利达成的。

假如你是驾着私人飞机旅行结果可能会不一样，最初的计划仍然是从北京飞向纽约，但是中途你突然被一张描绘夏威夷风情的漂亮海报吸引了，很快便改变了主意，结果飞向了夏威夷。这种情况下，你便彻底偏离了自己的目标，相当于注意力被兔子搅乱了，最终跟丢了土拨鼠。

在生活中，行动偏离目标航道的事是十分常见的。譬如一个男人最初制定的目标是让自己的妻子变成世界上最幸福的女人，于是拼命地工作，一心想着要让妻子过上高品质的生活，每天都在加班加点地忙碌，连周末都抽不出时间陪伴妻子，结果妻子不但没有过得更幸福，反而越来越不快乐了。再比如一个女孩人生的最大目标就是成为一个精致优雅的女人，为了买得起高档化妆品和新潮的时装，她每天灰头土脸地奋斗，经常开夜车，变得分外狼狈憔悴，结果离精致优雅的感觉越来越远了。由此可见，任何脱离目标方向的努力都是无用功。这就好比你的目的地是A地，可是刚走不久你便折向了B地，即使你徒步走完了1000公里，也不可能达到A地的。

老张周六起了个大早，决定和朋友老李一起到联通公司和移动公司询问手机上网费用的事情。两人都是既有联通卡又有移动卡，听说两大公司最近在搞优惠活动，他们想办好上网业务之后，再购买一些比较划算的套餐。有位年轻的小伙子告诉他们说，相关业务直接打客服电话询问就行了，没有必要到公司问。两人却说他们想外出透透气，小伙子便不再阻拦了。

两人先是到达了联通营业厅，工作人员告诉他们说现在公司不搞活动了，上网费用不再优惠了，部分优惠的套餐也取消了。两人只好把希望寄托在移动公司上。他们在路上看到了很多临时搭建起来的商棚，里面的商品应有尽有、琳琅满目，老张便对老李说："不如进去看看吧。"老李答应了。两人闲逛了一个多小时，买了几样生活用品，不知不觉就到中午了，肚子开始咕咕叫了。老李说："我们先找个地方吃点东西吧。"他们各吃了一大碗面条，吃得太饱了，老张提议先到公园走走，边消化边看看风景。

他们在公园的湖面上看到了一群自由游弋的小鸭子，觉得甚是可爱，很想把这一幕拍下来，可惜身上没带相机。老张说："我的一位老同学在这附近开了一个影楼，他有两部相机，我去向他借去。"十分钟后，老张带着相机回来了，和老李在公园里拍了好几张照片。天色很快暗下来，两人这才意识到时间不早了，于是急急忙忙坐车回家，等到快到家时，老张猛然想起来自己本来是要到移动公司的，不知为何，逛着逛着居然把今天的头等任务给忘了。老李忍不住笑道："我也早把这事忘到九霄云外了。"

生活就是这样，我们朝着目标前进，走着走着，便会因为沿途中的某道风景而偏离了方向，甚至把最重要的目标忘得一干二净了。我们该怎么改变这种情况呢？首先要紧盯目标，抵制住各种各样的诱惑，排除一切干扰，不到终点绝不改变方向；其次，我们要抽出时间检查自己的执行情况，确保每一步的行动都和目标保持高度一致；再次，我们要养成经常思考的好习惯，避免使自己陷入盲目的劳碌中。

放弃执念，等于及时止损

有家公司在招聘员工的时候出了这样一道测试题：你驾车经过郊外时，看到了三个在公共汽车站等车的人：一个是奄奄一息的老人，情况十分危急；一个是救过你性命的医生，你一直都想报答他；一个是你最爱的人，是你做梦都想与之结合的人。你觉得这辈子非他（她）不可，倘若失去他（她），自己再也不会有美满的爱情和婚姻了。现在你的车子只能容纳一人，你会救谁？

有人说当然应该先救老人，这可是人命关天的大事。有人说应该先救救命恩人，正所谓滴水之恩当以涌泉相报，人家救过自己的性命，自己怎能不报恩呢？还有人说应该先救自己最爱的人，理由是如果让老人或医生上车，你可能永远都见不到他（她）了。因为在最关键时刻，你选择了别人，而不是他（她），他（她）极有可能因为失望而跟你提出分手。

的确，无论做出怎样的选择，人们都会感到分外无奈。经过一番讨论之后，有人给出了一个更好的选择，那就是让医生开着你的车子把老人送到医院，自己留下来陪心爱的人等公共汽车。

答案很简单，为什么大多数人都不能想到呢？理由也很简单，我们不愿意放弃车钥匙，不愿意放弃掌控事件的主动权，这种执念蒙蔽了我们的心智和双眼，使我们把整个事件变成了一道单选题，逼迫自己只能在老人、医生、情人三个选项中选择其一，其实，无论选择谁，我们的内心都不会获得真正的平静与安宁。

是的，对于有些目标我们应该学会放弃，因为执迷不悔会使我们失去更重要的东西。有些人经常慨叹，人类缺乏韧性和坚持到底、一往无前的精神，常常在离目的地一步之遥的地方选择了放弃。这样的放弃固然令人扼腕，可是有时候错误的坚持要比不合时宜的坚持给我们造成的负面影响更大。很多时候，放弃不是一种无奈，也不是一种懦弱的表现，而是一种智慧的选择，当你学会放弃不该执迷的东西时，往往能得到更有价值的新东西。

站在人生的十字路口时，你必须放弃一条路才能选择另一条路，要知道一双脚不可能同时踏上两条道路。这个简单的道理任何人都明白，那么，为什么在现实生活中，人们为什么要沉迷于错误的目标而不愿回头呢？原因无外乎有两点：一是人们不愿意成为失败者，不想失去掌控事件发展的主动权；二是放弃意味着再也收不回已发生的沉没成本了，会给人一种折本的感觉。所谓的沉没成本指的是你为实现目标投入的时间、精力和金钱，投入越多，你越不想放弃，因为放弃意味着血本无归，可是你没有意识到的问题是，适当地停止损失是有限的，继续投入，你的损失将会更多。

在执行目标的过程中，千万不要把自己想象成上帝，以为一切都在自己的掌控之中，即使事态失控了也不愿面对现实。这就好比忽然发生了一场大火灾，这样的事件是你无法控制的，你唯一能做的就是抢救离自己最近的东西，尽可能挽回一点损失，或者放弃所有东西，保障自己的人身安全。如果你什么都不想放弃，什么都想抢救，那么结果极有可能是一场悲剧。在关键时刻，理性“止损”是很重要的，什么都不想损失的结果就是失去一切，学会主动舍弃，承担有限的损失，才能将自己的损失降到最低。

执行目标时，要事先考虑实现目标的代价。如果代价太过高昂，要考虑自己是否有能力负担或承受。不要以为你设定的任何一个目标都必须实现，有些目标实现后未必会让你过得更幸福，反而有可能让自己失去最适合你的生存状态。譬如一个人涉世不深时，过着简单快乐的生活，后来一心想着飞黄腾达，为了实现这个目标，娶了自己不爱的女人，做着自己厌恶的工作，整天忙于应酬，没有一天能按照自己的意愿生活，每天都活得很累很烦，对于这样的人来说，就算目标实现了又能怎样呢？

做人一定要学会抛开过往向前看，不要总纠结于过去的沉没成本。假如你投入的东西已经无可挽回了，就请勇敢地接受这一事实，告别昨天，立足现在，以积极的眼光展望明天。不要抱着赌徒的心态继续坚持，否则你的损失将会像滚雪球一样越滚越大。大多数赌徒在输了钱以后，都不甘心退场，总想着在下一局把输掉的钱全部赢回来，结果越输越多，搞得自己债台高筑，整个人生都毁掉了。

正所谓有付出才有回报，有回报就可能有损失，一切都是相对的，想要不付出任何成本就轻轻松松地达成目标是不可能的。终止完成目标，成本虽然会转化为损失，但它的额度是有上限的。如果你能勇于承受这种损失，立即挥别过去，把资源投放到更有价值的目标上，从某种程度上就是一种挽回损失的方式，减少无谓的浪费也是一种获得，放弃该放弃的，舍弃该舍弃的，理性地调整自己的目标策略，是对损失最大的弥补。

事实告诉我们，要想完成更重要更有可能达成的目标，首先你必须放弃希望渺茫或不那么有价值的目标，唯有如此，你才能及时抽身，投入到新一轮的战斗中。不要等自己赔光一切，才想着制定下一个目标，因为在那种情况下，你已经失去达成目标的所有条件了，以后的目标往往就很难转化成现实了。

给自己制定唤醒计划

在工业化、商品化日益发达的时代，人是很容易被物化的，所以留心观察你会发现，随处都能看到橡皮人。什么是橡皮人？简言之就是一群没神经没感觉没反应、麻木不仁的人。这个名词来源于王朔的小说，橡皮化现在已经成了一个司空见惯的社会现象了。人们之所以橡皮化，很大程度是因为对目标不再抱有期待，只想着像机器一样完成任务，除此之外再无追求了。这是一种心理能量缺失的表现。

完成目标的过程如果太过漫长，执行者是很容易橡皮化的。目标缺乏吸引力，多数人都会变成无精打采的橡皮人。时间太紧、压力太大，或者是对现在的工作、生活产生了厌倦心理，都有可能变成橡皮人。橡皮人是不分年龄、不分行业、不分教育背景的，而是广泛分布于各行业各领域各个年龄阶段和不同文化层次的人群当中。小学生面无表情地看书是橡皮化的表现，职场人士目光空洞地翻阅文件也是橡皮化的表现，老年人心不在焉地打太极拳同样是橡皮化的表现。他们的共同特征是，对于目标满不在乎，无论做什么都漫不经心，精神处于游离状态，乍一看去，他们就像无知觉的假人一般。

橡皮人通常是很难高质量地完成目标的，因为他们对现有的目标早已失去了新鲜感，不能从自己所从事的事情中寻找到任何乐趣，也看不到自己的价值。为了减轻无力感带来的精神痛苦，他们往往会选择长期自我麻醉，天长日久，就都长出了一张冷若冰霜的橡皮脸。调查显示，多数橡皮人日益麻木的原因是克服不了倦怠情绪。这是很容易理解的，当生活成了一种单调的重复，执行目标的过程也成了重复的一部分，任何人都会感到厌倦的，因此橡皮化是一个自然而然发生的过程。如果你不能让自己摆脱这种状态，那么目标的执行就会受到严重影响。

曾衍刚毕业时是个热血青年，无论做什么事情都很投入、很忘我，在生活上又比较有情调，喜欢吟诗作赋、爬山游泳，追求“江海寄余生”的逍遥境界。可是工作三年以后，他却变成了无精打采的橡皮人，做任何事情都不再热心了。他对工作丧失了兴趣，对生活丧失了激情，每天都感到兴味索然，不知道这样的日子何时能结束。

刚参加工作时，每次参与项目时，他都会感到无比激动、无比兴奋，头脑中总是充满了各种新奇的创意。而今他已经积累了很多的经验，即使想不出什么好创意，随意仿照一下别人的作品照样可以应付差事。设计师的工作对他来说已经没有吸引力了。所以再接到新项目时，他的心态完全不一样了，觉得无聊的日子又要延续下去了。

曾衍身上的文艺细胞似乎也在一瞬间被扼杀了，他不再写诗，不再赏景，也不想做披发弄舟的诗人了。他丧失了所有的爱好，每个节假日都宅在家里闭门不出，心情郁郁寡欢。他的眼神十分疲倦，脸上的表情格外麻木，整天一副失魂落魄的样子。在同学聚会上，同窗好友被他现在的样子吓了一大跳，再三询问时，他欲言又止，最后长叹了一声，说了一句非常懊丧的话：“我只是觉得人生很没意思，仅此而已。”

在社会上摸爬滚打若干年后，很多人都被磨成了橡皮人，成了社会这个大机器上的小小零部件，身体虽然还在继续维持着运转，但大脑和心灵已经陷入了麻痹和沉睡状态。遇到这种情况，一定要给自己制定唤醒计划，否则你一辈子就可能这样昏昏沉沉地过完。那么唤醒计划都包括哪些步骤呢？

1. 努力改善自己的微环境

每天按部就班地做着一成不变的事情，待在没有变化的环境中，确实会感到无比厌烦。你迫切地想要逃离现在的环境，但是现实又不允许，所以就自动橡皮化了，这样做其实是对自己无力改变现状的无声反抗。

其实，你不必如此抗拒环境，既然环境是改变不了的，你可以通过尝试改善微环境来改变自己的心境。比如：重新布置一下你的办公桌，在桌面上摆放一小盆绿色的仙人球，把电脑背景调成炫目一点的颜色，买一个图案精美的马克杯，在卧室的墙壁上贴几张温暖的海报，把地板刷成阳光的颜色，在家里悬挂几串玲珑雅致的风铃等等。你所熟悉的环境发生任何一点小小的变化，都将给你的心情带来极大的改变。学会给环境添加新的色彩，你的心情也会跟着明亮起来。

2. 强迫自己行动起来

橡皮化以后你会发现自己什么也不想做，所以无论做什么事情效率都非常低，每天都在以树懒的速度匀速前进，完成目标似乎是一件遥遥无期的事。遇到这种情况，你必须强迫自己进入状态，快速行动起来。不妨每天给自己制作一个时间表，在每个时间段列明自己应该做的事情，然后按照完成情况给自己打分。只要你按照时间表做了，有效地提高了做事效率，很快就会恢复对自我的掌控感，以后也会朝着更好的方向发展。

3. 让自己的心灵重新变得敏感起来

橡皮人大多对外界的感知能力很差，心灵就像已经变钝生锈的工具一样，再也没有了灵光。表面看来，这种病态的麻木可以让其百毒不侵，事实上，它对人的身心毒害要比毒药更大。敏感是一种保护机制，它虽会让你承受短暂的痛苦，却能给你带来持久的安全保障。举个最简单的例子来说，当你的手伸向火炉时，你会因为灼伤的疼痛感而迅速把手缩回去，以此避免更大的伤害，假如你的痛感神经出现问题了，那么，即使身体遭受了更大的伤害也会浑然不觉。

心灵也一样，只有保持一定的敏感度，才能使你的心理状态处于健康的状态。如果你的心灵变得麻木了，精神世界就将变成荒芜的废墟，这是极其可怕的。所以你必须让心灵重新敏感起来，使其能正常体验生活中的喜怒哀乐，唯有如此，你才能彻底摆脱橡皮化状态。

别让完美主义裹住你的脚步

帕特住在一幢完美的大房子里，过着人人羡慕的完美生活。他每天把家里打扫得一尘不染，地板擦得如明镜一般，靴子被擦得油光锃亮。他做事井井有条、一丝不苟，每一个细节都能做到极致。就拿打扫这件小事来说吧，经他擦拭过的地方，简直就跟无尘空间没什么两样，连房间里最隐秘的角落都找不到一丝灰尘。然而帕特仍然对自己感到不满意，他总想把每件事做到十全十美，因此，他的压力非常大，几乎每天都睡不好，作为一个完美主义者，他从来就没有过完美的睡眠。

有一天他掀开客厅的地毯时，忽然在地板上发现了一扇可活动的小门。他打开门，看到了高高的楼梯，阶梯一直延伸到地下的一个房屋。以前，他从来不知道有另外一个屋子存在，觉得它就是一个密室。眼前光线幽暗，为了看得更清楚一些，他点燃了打火机，慢慢地走进了那个房间。他发现房子是空的，里面没有人，也没有家具，屋子正中央有一个很大的木箱子，箱子上了锁。

帕特查看了房间的每个角落，没有发现钥匙。他试着徒手将箱子打开，没有成功。做了一番无用功之后，他没心思管箱子了，回到楼上又继续打扫其他的房间了。晚上他努力让自己不去想那只紧锁的箱子，可是总管不住自己，他被好奇心驱使着，一心想知道箱子里究竟有什么东西。由于翻来覆去睡不着，他索性采取行动，一手拿着蜡烛，一手拿着铁锤，再次来到了楼底下那个房间。

很快，帕特就把大箱子砸开了，令人失望的是，里面并没有什么特别的东西，只有一只枕头，枕头被砸出了一道口子，成千上万片的羽毛飞了起来。羽毛飘飘悠悠，飞上了楼梯，飞到了楼上的每个房间里，飞出门窗，飞进了花园。无论走到哪里，帕特都能看到羽毛。这是一个完美主义者所不能容忍的，他赶紧拿起扫帚清扫羽毛，可是刚刚把羽毛扫进簸箕，它又飘了起来，落得满地都是。帕特又跑出门外，来到花园里清扫羽毛，结果还是一样。忙了几个小时之后，帕特累得走不动了，尽管四周到处都是羽毛，他也没有心情料理了。他筋疲力尽地爬上床，刚躺下不久就睡着了，这是他有生以来有过的最好的一次睡眠。

帕特的故事告诉我们：完美主义者总是对无关痛痒的细节小题大做，结果往往是庸人自扰。故事中的羽毛象征着无足重轻的细枝末节，如果我们被它缠住了，那就走不远了。这就是完美主义者在执行目标时为什么总是低效率的根本原因。

有些人在接到任务以后，总想把细节修补得更完善，以为所有的补充都是有价值的，殊不知，有些细节敲定之后根本就不需要再修改了，你所做的努力很有可能是画蛇添足。有的目标本来是很容易达成的，有的任务对于绝大多数而言都是没有难度的，但完美主义者经手以后，所有简单的事情都变得复杂化了，所有容易的事情都提高了难度系数。

以生活中最简单的现象为例，比如平均分配一块披萨，普通人只需要花 1 分钟的时间就能把披萨切好，使在场的每个人吃到香气扑鼻的披萨。但是要让一个完美主义者做同样的事情，结局就完全两样了。他会把这件事当成一道数学题来做，需要花费数小时甚至好几天的时间计算，直到可确保每个人得到的披萨大小完全相等，才肯下刀，如此一来，披萨早凉了，想吃披萨的人也早就失去等待的耐性了。

英国利物浦大学的一位数学博士发明了一种极其复杂的均分披萨的方法，保证切好的披萨呈完美的曲边三角形，大小形状完全一致。他以研究学术的方式对待切披萨，显然费了一番苦心。可在现实生活中，如果人人都这样做，恐怕任何目标都不能如期完成了。简单的事情，因为对细节的苛求，都要耗费那么多时间，遇到复杂的事情，结果就更加不堪设想了。显然，完美主义会破坏高效执行力，那么，我们该怎样克服自己的完美主义情结呢？

首先，我们要学会统筹大局。虽然作为一个普通人，我们没有“运筹帷幄，决胜于千里之外”的本领，但至少要懂得顾全大局。执行目标的时候，一定要弄清楚自己期待的成果是什么，保证把精力和时间投放到最关键的事情上，不要在那些细枝末节上浪费太多的时间，只要不影响整体目标即可。

其次，我们要意识到百分之百的完美是不存在的，做任何事情能达到95%的完美就已经很完美了。完美本身只是一个头脑中虚幻的概念，在现实世界里是完全站不住脚的。如果我们过度执迷于完美，就会被导入歧途。

再次，要允许自己犯错。完美主义者做事拖拉、办事低效的原因在于对自己要求太高，不允许自己犯任何错误，生怕由于自己考虑不周，没有把事情做到尽善尽美。事实上，就算你花无数倍的时间思考计算，还是有出错的可能，因为每个人都会犯错，想要永不失误，除非什么事情都不尝试。所以要允许自己犯错，给予自己纠正和进步的机会，这样下次才能做得更好。

心不在焉，再好的计划也是一张废纸

小鹏每次想做什么事情的时候，都会向爸爸报告，一天他对爸爸说："我周末想到游乐场玩。"爸爸没有直接表态，而是问他："你全都计划好了吗？想好要跟谁一起玩了吗？想好要去哪家游乐场了吗？想好该怎么去了吗？"小鹏摸摸脑袋，不好意思地说："我现在还没计划好。"爸爸说："没计划好就不要去，想去就必须提前计划好。"

爸爸为了让小鹏做好立下目标就早早做计划的好习惯，可谓是费了不少心思。为了让小鹏认识到计划的重要性，爸爸要求每当树立一个目标时或者想做一件事情时，就必须把它们记在笔记本上，并强调一定要严格按照计划办事。在爸爸的指导下，小鹏把所有的事情都计划得井井有条，关于什么时候做功课，什么时候到外婆家玩，什么时候踢球都提前计划好了。

长大以后，小鹏保留了凡事都要做计划的习惯，这个好习惯确实帮助他实现了不少目标。可有些时候尽管他计划得很周全，却仍然没能成功达成目标，这让他感觉很郁闷。他不明白为什么有了完全的计划后，目标仍然实现不了。

有了具体的目标以后，我们最常做的事情就是马上拟定一个实施方案，做一个万全的计划，然后在执行的过程中按部就班地依照原计划行事，可是有时候结果总是不如我们所愿，计划也没有我们想象中那么灵验，那么，问题究竟出在哪里呢？究其原因主要在于你只是遵照计划表行事，没有考虑到自身的心理状态。下面这些方法将告诉你如何利用心理学知识更好地完成目标。

1. 利用蔡格尼克记忆效应记住目标

蔡格尼克记忆效应又称“契可尼效应”，是指人们在做事时天生就有一种有始有终的倾向，会很快忘记已完成的工作，对未完成的工作则记忆深刻。这一心理学效应起源于德国心理学家 B. B. 蔡格尼克做过的一次有关记忆的实验。她要求受试者做 22 件简单的事情，比如写下一首自己喜欢的诗，倒着数数儿，将不同颜色、不同形状的珠子串起来等等。当事情做完一半的时候，她让大家停止手头的工作。

随后让受试者回忆实验开始时要完成的 22 项工作，结果显示对于已完成的工作，人们只能记起 43%的内容，而对于未完成的工作却记住了 68%的内容。实验证明，人们对未完成的事情印象更为深刻。利用蔡格尼克记忆效应执行目标是非常奏效的，无论你从哪里开始，从何时开始执行目标，一旦你动手做了某件事情，只要这件事情处于未完成的状态，该目标就会在你的脑海里留下深刻印记。你唯一要担心的是如何开始。

有时候即使有了计划表，我们也可能忘记执行某个目标，尤其是在我们漏看了某些内容或者忘记看计划表单的时候，遇到这种情况该怎么办呢？你可以提前行动，通过某些与目标相关联的动作提醒自己开始执行某个目标。比如你计划下班买一个 U 盘，之前已经忘记很多次了，你可以试着提前把买 U 盘的钱准备好，这样在蔡格尼克记忆效应的影响下，你将始终记着买 U 盘这一目标的内容，完成目标就成了顺理成章的事了。

2. 不要想象结果，而要想象过程

提前想象结果会阻碍目标的达成，而想象过程却能使你更好地集中注意力完成目标。比如运动员在参赛前，想象自己夺冠的场面，很有可能输掉整场比赛，若是把注意力集中在达成目标过程中的技术上，将能很好地调动起他的备战情绪，同时有助于缓解焦虑。在起跑前想象枪响之后发力奔跑的动作，有助于他跑出全新的速度，创造新的纪录。

3. 要竭力避免受挫之后产生自暴自弃的情绪

在执行目标的过程中，遭受了挫折，人们通常会产生自暴自弃的情绪，以至于半途而废。比如一个节食者忍受不住美食的诱惑，多摄入了一点卡路里，马上就会感到灰心气馁，认为自己的减肥计划已经泡汤了，这辈子都别想甩掉身上的肥肉了，于是便自甘堕落，开始暴饮暴食，结果陷入了越减越肥的恶性循环。

要知道，任何事情都不会一帆风顺，执行目标时碰到困难遇到问题是一件再正常不过的事，不要让自己过分情绪化，也不要自暴自弃，任何时候都要鼓励自己继续朝着目标前进，只要矢志不移地坚持下去，终有一天你会得偿所愿、达成目标。

4. 拒绝行动机械化

有时候我们会因为养成了固定的习惯，而下意识地继续某种行为，像机器一样无须经过大脑思考便自动做事，这样的行为对于我们达成目标是非常不利的。完成任何一项任务，都需要智力和体力的配合，我们不能只是一味被动地做事而不思考。在执行目标时，要时刻问问自己有没有更好的方法达成目标，目前还有什么需要改进的地方，原有的计划是否需要调整，千万不要让自己的行动变成一种机械化的重复。

第五章

当自己的时间设计师

为什么时间好像永远都不够用？每天快马加鞭地赶工，很多的目标还是完不成？是社会的节奏太快，我们赶不上时代的列车，还是因为我们不会合理利用时间，以至于让宝贵的时间白白地溜走了？

不可否认的是，现代社会已然变成了一部超速运转的机器，每个人都被驱赶着向前奔跑，跑不过社会齿轮运转的速度，跑不过时间，自己就有可能被淘汰出局。这是一个不争的事实，可惜我们没有时间抱怨，我们唯一能做的是学会做自己的时间规划师，掌握科学管理时间的技巧，进而使自己在有限的时间内完成更多的目标。时间管理既是一门科学，也是一门技术，它能教会我们更精细、更严苛地分割时间，帮助我们更好地达成预期的目标。

运用 deadline 破解帕金森定律

你是否有过这样的经历，你的上司给了你安排工作时间的自由，本来你有非常充足的时间完成某项任务，结果耗费了很多时间却什么也没做成。这就是帕金森定律在起作用。帕金森定律指的是在没有时间限制的情况下，工作会莫名自动膨胀，占满你所有可利用的时间。也就是说在没有设定截止日期时，你做事情所花费的时间要比有固定时间期限的情况多出好几倍。

基于帕金森定律的影响，你完成目标任务的时间将向后延迟好几个小时或好几天。比如你计划每天阅读一份报纸，及时了解外界资讯，正常情况下，只需花费 10 分钟时间，但是假如你没有限定自己必须在 10 分钟之内看完，那么就有可能耗费半个小时或更长的时间。再比如你想给远方的朋友寄张明信片，这本来不是一件耗时的事情，可却有可能花上你整整一天的时间：找明信片耗费了一个小时，写问候语耗费了一个小时，在寄明信片的途中因为各种事情耽搁了，你又花费了很长的时间。

在工作中，帕金森定律的影响也是无所不在的。比如在接到一项任务时，员工觉得时间充裕，就会不知不觉地放慢做事的节奏，或者把注意力转移到其他项目上，以便将所有的时间都耗用掉。一个资深设计师，一般情况下，一星期就能设计出一套比较成熟的方案，假如客户和老板都没有为他限定任务完成的期限，他很有可能会耗用双倍的时间，期间又会去揽别的业务。

人性是共通的，多数人在帕金森定律面前都缺乏免疫力，想要对付帕金森定律，必须掌握科学的时间管理方法，那么，哪种方法更奏效呢？最直接有效的方法就是为自己设定 deadline（最后期限）。有了 deadline，你就不会再被帕金森定律控制了。试想一下，如果你要求自己 10 分钟之内读完一份报纸，那怎么可能耗费半个小时做这件事？deadline 也是一种生产力，它可以直接提高你的办事效率，使你在规定的时间内顺利完成预先设定的目标。

小洁是报社的一名记者，她平时做事非常拖拉，想采写的新闻经常被别人抢了，前去采访时多次扑空，对方不是已经出差了，就是刚坐车去外地，假如她能早一天到访，这样的事情本是可以避免的。由于工作效率低下，每次她都是最后一个交稿。

提笔写稿时，小洁总觉得时间很充裕，文章刚写了开头，心思就跑到别处去了，一会儿吃薯片，一会儿刷微博，不知不觉一天就过去了。后来因为赶工，写出的稿子漏洞百出，几乎大部分都不能被通过。小洁无比郁闷，在论坛上尽情倾吐着苦水。有位朋友告诉她，可以尝试一下给自己设定 deadline。小洁采纳了这个意见，从此改变了工作方式。无论做什么工作，她都给自己设定了期限。比如哪天要出去采访，用多长时间筛选信息，多长时间拟定选题，多长时间完成稿件等等。

小洁发现，自己的工作效率瞬间提高了，用不了多长时间就能让一篇稿子新鲜出炉了。由于掌握了管理时间的方法，她不但能如期完成稿件，还有了润色和修改稿件的时间，写作水平大大提升，稿子的通过率也有了显著提高。

在大多数情况下，deadline 对付帕金森定律是颇有成效的，但在某些特殊的情况下，它有可能失灵，甚至可能起到完全相反的作用。比如你规定要在 20 分钟之内完成电话采访，可是如果对方十分健谈，采访的时间就会延长，deadline 就形同虚设了。再比如，为了增强紧迫感，你刻意将时间节点提前，给自己制定了一个

deadline，可是由于精神过度紧张，影响了你的正常发挥，结果效率反而下降了。可见 deadline 是一把双刃剑，你必须学会利用它，才能使自己受益，否则就有可能反受其害。

执行目标任务时，设置 deadline 是非常必要的，美国媒体策略师赖安·霍利迪给出的理由是："如果时限短，你就不会被那无限的可能性所淹没。"意思是任务时限可以给你带来确定性和紧迫感，不会让你产生拖延和磨蹭的想法，规定必须今天完成的事情，今天一定会做完，绝不会推到某个不确定的日期。

在连续处理多项目标任务时，你需要找到合适的时间平衡点，在日程表上用一个个类似于 deadline 的时间节点把不同的任务分割开来，需要注意的是，deadline 设定要灵活，不能太过死板，两个 deadline 最好有短暂的时间间隔，不要让自己在半小时内刚做完一件事后，马上安排接下来的一小时立即要做别的事情。让自己休息 3～5 分钟，调整一下心绪，转换一下脑筋，以便更好地提高执行的效率。

给大脑装一只时钟，时刻开启倒计时

美国潜能开发大师安东尼·罗宾认为成功达成目标的奥秘在于："知道目标，找到好的方法，起身去做，观察每个步骤的结果，不断修正调整，以达到目标为止。"也就是说，你是否能完成目标，与你选择的方法是否科学是有直接关系的，好的方法胜于盲目的努力。

高效完成目标的方法有很多，其中最为常用的一种时间管理方法就是倒计时法。其实，早在学生时代，我们就已经在广泛运用这种方法了。在高考冲刺的日子里，教室的最醒目处赫然贴着手写的日期，准确标明高考倒计时还有多少天。数字的变化让每位学子神经紧绷，每个人都在按照自己的计划全速前进，谁也不敢懈怠。走向社会以后，我们身边充斥着各种倒计时的字样和标语，比如"季度任务冲刺倒计时""XX 项目完成倒计时""XX 方案倒计时"等。

倒计时能带给我们一种紧迫感，它在时刻提醒我们时间是有限的，我们必须抓紧时间做对目标有益的事情，否则就不能顺利完成任务了。在倒计时的日子里，我们的大脑就像被装上了一只滴答作响的时钟，几乎每一刻钟都有一种被驱策的感觉，所以运转的速度要比平时快上好几倍。

倒计时起作用的原理在于，它让我们感觉时间越来越少了，所以我们便不敢浪费时间了。这种方法使我们联想到时光有限、生命有限，再不抓紧时间向前奔跑就来不及了。通常情况下，人们听到倒计时三个字的时候，都会产生一种高度的紧张感，比如比赛时，选手听到这三个字会立即进入备战状态。在其他场合听到或看到这三个字，心跳和呼吸都会加快，行动的节奏也会跟着加快。

倒计时法不仅可以促使我们更快更好地完成目标，还能启发我们关于对生命的思考。人都说，生命是一个向死而生的过程，自从出生的第一天，我们就已经进入了倒计时了。所以千万不能蹉跎岁月，一定要好好规划一下自己的人生，尽最大努力去完成有价值的目标，如此才算不枉此生。

俞光是一位名牌医科大学毕业的高才生，毕业之后进入了市医院工作，收入不错，各方面的待遇都很好。同学都很羡慕他，但他却一直闷闷不乐。原来从小他就喜欢看书写东西，一直想要成为一名小说家，由于父母反对他从事文学创作，他被迫学了医学专业，而后又做着自己不喜欢的工作。

长期以来，俞光都在问自己，假如这辈子就这么度过了将会怎样，自己会不会后悔。答案是肯定的，于是他有了辞职的打算。朋友问：“你真的考虑清楚了吗？知道自己接下来的路该怎么走了吗？”俞光：“现在举办各种大型活动都流行使用倒计时，那么我就用倒计时的方法说说我的行动计划吧。我制定了一个新目标：3 年之内要推出一本广受追捧的畅销书，两年内我就必须和出版社签约，1 年内必须有好的作品问世，6 个月内要完成作品的一半内容，一个月写大纲构思整体框架，其余 5 个月填补细节、丰富情节。”

朋友当时并没有说什么，不久之后俞光辞去了医院的工作，他离开了家乡，去了丽江。朋友知道他此去的目的不是为了追求什么风花雪月的境遇，而是为了找寻创作的灵感。此后很长的一段时间里，朋友都没有收到俞光的讯息。三年以后，他在图书大厦最显眼的位置看到了俞光的新书，封面很精致，字里行间都透着暖意。俞光终于成了一名新锐作家，完成了三年前定下的目标。

倒计时最大的作用在于能让你产生一种时不我待的紧迫感，使你在有限的时间和生命里，完成更多富有意义的事。古诗有云：“明日复明日，明日何其多？”每当过完一天，你的“明日”就少了一天，如果再不好好把握下一个明天，更多的“明日”都将悄无声息地溜走。也许你会觉得一年很漫长，甚至觉得一个月、一周都过得很缓慢，可事实上，时间的逝去只是眨眼之间的事，你若跟不上时间的脚步，就会被淘汰出局。

在执行目标的过程中，掌握倒计时法是非常必要的。这种方法操作起来十分简单，效果却非常好。你可以在办公桌上放一张台历，或者在居室的墙壁上挂一张挂历，然后在截止日期上画一个大大的记号，每天给自己做倒计时，关注一下还剩下多少时间，规划一下今天该做些什么。刚开始实行倒计时法时，也许你会感到压力倍增，感觉十分不适应，这是非常正常的反应，不必慌张，给自己一个心理缓冲期，逐渐适应生活节奏的变化，养成习惯之后，一切都会变得容易。

学会利用碎片时间

人们每天都拥有很多碎片时间，排队购物大概有10分钟的时间无事可做，在某个场地等人时大概有5分钟的时间处于百无聊赖的状态，等地铁的时候大概有2分钟的时间呆立在原地不动。10分钟、5分钟、2分钟，在人们的观念里就像碎片一样，没有人会把这点时间放在心上，所以大多数情况下，都在低头玩手机消磨时光。殊不知，碎片时间经过天长日久的累积也能转变成一种可贵的资源，小小的碎片连接起来也可以汇集成时光之河，许多大目标就是在悄无声息中实现的。

不要小看三五分钟的碎片时间，如果你能将这些零散的时间碎片全都有效利用起来，就能收获意想不到的结果。在大多数情况下，人们对待碎片时间就像对待散了一地的碎玻璃一样，根本就看不到它的价值所在。殊不知，细小散乱的东西一旦被充分利用起来，其实是可以创造奇迹的。英国的碎片大厦号称是国内最高建筑，最为人所津津乐道的是一面面精密复杂的玻璃幕墙。这栋擎天一般的宏伟建筑每一寸表皮都是由一块块透明的玻璃薄片覆盖的，万千的玻璃碎片组成了一个晶莹剔透的玻璃宝塔，在阳光的照射下看起来美极了。看过碎片大厦的人，都不会再认为碎玻璃是废物、是垃圾了。事实上，碎片时间的价值要远高于我们眼中的碎片大厦，它虽然是不可见的，却可以从根本上改变我们的生活和人生。

哈佛大学前校长艾略特曾经说过：“培养一种习惯，每天抽出10分钟读一些好书。坚持20年后，人的思想将进步非凡。”你可能会对10分钟时间不屑一顾，觉得自己在10分钟之内根本做不了什么，至多就是读几页书、记几个单词罢了，却没有想过假如20年内你始终坚持这么做，把每天的10分钟都有效利用起来，你的人生将发生怎样的变化。

多数人认为完成大目标需要耗用大量的时间，碎片时间对于大目标来说是没有价值的。然而事实却并非如此，20年如一日地把握10分钟，你有可能成为伟大的作家，一个博学多识的人，也有可能掌握好几种语言，成为一名翻译家，还有可能取得更大的成就。不要以为碎片时间只适合用来完成一点都不重要的小目标，学会将其化零为整，它是可以为大目标服务的。

有一位家庭主妇从早到晚都忙着做家务，休息时间非常少，每天都过得很不开心。听说城里来了一位非常著名的演讲大师，就从百忙中抽出时间聆听演讲。她非常羡慕地对演讲大师说：“我要像您这样拥有那么多机会该多好啊！您能到世界各地演讲，站在不同城市的讲台上，真是了不起啊。”演讲大师问：“你从来没有得到过机会吗？”她愁眉苦脸地说：“是的，我从来就没得到过任何机会，每天都在做家务，没有时间做别的事情，真是烦透了。”

“你每天都忙些什么呢？”演讲大师又问。“还能忙什么，无非就是剥洋葱、削土豆，做一日三餐，洗衣服、打扫房间、拖地板。这样的日子我已经坚持15年了，连周末都没时间休息。”她出口抱怨道。“你连发呆的时间都没有吗？”演讲大师问。“累的时候，确实会休息一下，不过至多是10分钟或一刻钟，大部分时间我都忙得不可开交。通常刚打扫完房间，我会坐在沙发上休息一刻钟，然后再洗一家人的衣服。洗完脏衣服，我会休息10分钟，之后再做别的家务活。”她滔滔不绝地讲述道。

“你试过利用零散的10分钟或一刻钟了吗?”演讲大师追问道。“10分钟、一刻钟能干什么呢?什么也干不了，这么短的时间眨眼就过去了，还有什么好利用的呢?”她不以为然地说。演讲大师没有反驳她，而是巧妙地转移了话题:“你说你每天都会拖地板，那么你仔细观察过它的材质没有?”“它是釉面砖铺的。”她随口答道。

“好，现在我给你布置一项任务，回到家以后你花10分钟时间仔细观察一下地板。”演讲大师说。她觉得自己已经对家中地板足够熟悉了，没什么好观察的，不过，她不好意思开口拒绝。回到家里以后，在休息时，她仔细看了看地板，脑海里突然冒出一个念头，她很想知道釉面砖是怎样制造出来的，于是拨通了演讲大师的电话，向其诚心讨教。演讲大师让她下次休息时自己上网查找资料。

第二次休息时，她打开了电脑，开始快速地查阅资料，没想到自己竟在短短10分钟之内搜到了大量信息，她很轻松地掌握了釉面砖制造和生产的过程，后来她对这个课题着了迷，只要一有空闲就会查资料研究，并且把自己的研究成果写了下来。许许多多的10分钟就这样被有效利用起来，几个月之后她给演讲师寄去了一封长达36页的邮件，信里详细介绍了地砖的知识，不久之后演讲家告诉她，那封信已经发表了，并支付给了她一笔报酬。后来她又开始研究地砖下的蚂蚁，研究成果也得以顺利发表了，若干年后，这个声称从未得到机会的女人走上了写作的道路，在多家杂志和期刊上发表了文章，成为了一位跨领域研究的专家。

时间是一种宝贵的资源，这种资源的分配是十分公平的，每个人每天都有24个小时，谁也不曾多得到一些，谁也不曾少得到一些，那么，为什么有些人做事总是游刃有余，总能完成目标，而有人每天忙得不可开交，却总是无法达成目标呢？归根结底，一切都取决于你是否懂得利用时间资源。就拿碎片时间来说吧，有的人白白地将它浪费掉，有的人却能使它发挥最大化的效用，这就是两者的区别。

科学设计日程表，优化时间资源

不懂得有效管理时间是一件非常可怕的事，因为这就意味着你会劳而无功，白白浪费时间，没有办法保质保量地完成目标任务。仔细观察你会发现，总爱加班加点熬夜工作的拼命三郎，效率普遍不高，他们之所以如此劳碌，不是因为敬业，而是因为不知道该怎样规划时间；被一堆家务活困住的家庭主妇，并非是因为家务活太多，而是因为她不懂得怎样利用时间。

很多人在行动之前，都制定过时间表，以为这样就能管理好自己的时间，可是每次执行目标时，都会发现无法按照原计划进行。这是为什么呢？原因很简单，你制定的时间表不合理，行动当然无法落实了。比如你规定自己必须每天早上 5 点起床学英语，结果，百般挣扎都没能按时起来，学英语的目标就这样被延迟了。事实上，一旦你养成了某种固定的习惯，习惯了某种固定的生活方式，就不要将其突然改变或打破，而要坚决持行，不过要给自己一个适应期。

把新目标添加到时间表时，不要急于打破现在的生活模式，可以尝试着慢慢地将新目标的内容逐渐填入原有的时间表中，给自己一个缓冲期，经过调整以后，你会渐渐地适应新的生活方式和节奏，执行目标的过程也会相应地顺利很多。其具体步骤为：把每周所做的事项填入左侧的表格中，在右侧添加新目标内容，然后根据一周的时间表制作出一张非常精确的日时间表。

周一至周五一周时间表

每周要做的事项	需要添加的新事项
做早饭	阅读（每天读 10 页英语资料）
工作	运动（下班步行 20 分钟）
浏览网页	
看美剧	
聊天娱乐	
睡觉	

日时间表

旧时间表		周一	周二（与周一同）	周三	周四	周五
上午 6:30—7:00	起床洗漱	起床洗漱	起床洗漱	起床洗漱	起床洗漱	起床洗漱
上午 7:00—7:30	做早餐	做早餐	做早餐	做早餐	做早餐	做早餐
上午 7:30—8:00	吃早饭	吃早饭	吃早饭	吃早饭	吃早饭	吃早饭
上午 8:00—9.00	出门坐车	出门坐车	出门坐车	出门坐车	出门坐车	出门坐车
上午 9.00—中午 12:00	工作	工作	工作	工作	工作	工作
中午 12:00—12:30	吃午饭	吃午饭	吃午饭	吃午饭	吃午饭	吃午饭
中午 12:30—下午 1:00	浏览网页	浏览网页 & 看 5 页英语资料	浏览网页 & 看 5 页英语资料	浏览网页 & 看 5 页英语资料	浏览网页 & 看 5 页英语资料	浏览网页 & 看 5 页英语资料
下午 1:00—5:30	工作	工作	工作	工作	工作	工作
下午 5:30—6:30	坐车回家	坐车回家	坐车回家	步行 20 分钟后乘车回家	步行 20 分钟后乘车回家	步行 20 分钟后乘车回家

续 表

旧时间表		周一	周二 (与周一同)	周三	周四	周五
6:30—7:30	到餐馆吃晚饭	到餐馆吃晚饭	到餐馆吃晚饭	到餐馆吃晚饭	到餐馆吃晚饭	到餐馆吃晚饭
7:30—8:30	看美剧	看美剧	看美剧	看美剧	看美剧	看美剧
8:30—10:00	聊天&娱乐	聊天&娱乐&浏览5页英语资料	聊天&娱乐&浏览5页英语资料	聊天&娱乐&浏览5页英语资料	聊天&娱乐&浏览5页英语资料	聊天&娱乐&浏览5页英语资料
10:00	洗漱睡觉	洗漱睡觉	洗漱睡觉	洗漱睡觉	洗漱睡觉	洗漱睡觉

注:仿宋字体代表新加入的第一项目标内容,黑体加粗字体代表新加入的第二项目标内容。以后的时间表日程安排皆与周五相同。

从这张时间表我们可以看出，培养一种新习惯是一个循序渐进的过程，在一周内要完成两个新目标，需要一步步进行，每个目标的加入都需要适应两到三天的时间。修改和优化时间表时，一定要考虑自己固有的习惯以及自身的适应能力，不要期望在短时间彻底颠覆原有的生活，以免在落实行动时遭到习惯的强力阻抗。

朱明每次制定新目标时，都会把日程表排得满满的，结果每天忙得焦头烂额，却不见成果。他不知问题出在哪里，就把时间表贴在了贴吧里，希望网友能给自己指点迷津。有位网友说他制作的时间表既不科学也不合理。朱明还是不晓得自己错在哪里，便急忙打上了一行字："愿闻其详。"

网友回复道："首先你制定的新目标太多，要让自己在短短一周内做那么多事情，肯定适应不了，一周的目标最好不要超过两个。第二，你的时间表在时间安排上也不是很合理，你要求自己下班后花一个半小时阅读专业书籍，这样的任务对谁来说都是一种沉重的心理负担，不要责怪自己坚持不了、执行不到位，换了别人结果可能也是一样。我建议你把这个目标模块打碎，早晨花半个小时阅读，中午花半个小时阅读，晚上再花半个小时阅读，这样就轻松多了。”

朱明觉得网友分析得颇为合理，于是便感谢道：“听君一席话，胜读十年书。兄台，多谢你为小弟指点迷津。”网友又说：“你周三周五不是计划到健身房健身吗？为什么这么简单的目标都完成不了。”原来朱明每完成一个新目标都会在时间表上打钩，完成不了的就打叉。他发了一个出汗的表情，然后说：“别提了。周三我刚下楼往健身房方向走，忽然遇上了邻居，他要求我陪他一起遛狗，我没好意思拒绝。周五我的一位同事要求我替他加班，我又没拒绝，结果回家晚了，健身计划又泡汤了。”

网友说：“嗨，像你这样总做老好人，私人时间全都让别人挤占了，很多事情都会被耽搁，以后你要学会说‘不’才行，别再做好好先生了。”朱明接受了网友的建议，重新制作了一张时间表，执行情况果然比以前好了很多。

制定出一张科学合理的时间表，可以帮助你有效地管理时间，但是只做到这一点是不够的，因为即使你把各种事项规划得井井有条，将时间表设计得无懈可击，若是时间被别人耗用了，计划还是很难落到实处。

在现实生活中，由于碍于情面，你可能不好意思向别人说“不”，对任何人都有求必应，对于不合理的要求都不好意思拒绝，这是非常影响自身的生活的。要学会坦然地拒绝别人，这样才能保证让自己的时间得到最大限度的利用。

厘清每一笔时间消费额度

2014 年的春节联欢晚会上，一曲《时间都去哪儿了》以深沉优美的旋律、朴素真挚的情感打动了亿万观众的心。这首歌曲之所以如此深入人心，主要是因为它反映的是一种普遍的感受，所以比较容易引起人们内心深处的共鸣。是呀，时间不知不觉就溜走了，等我们猛然惊醒的时候，除了感慨连连，恐怕什么也补救不了了。那么，怎么才能避免这种情况的发生呢？尚且年轻的你一定不想在满头白发的时候哀叹，大多数人生目标都没实现，一辈子糊里糊涂就这么过去了。其实，只要你学会时间统计的方法，弄清自己消费时间的规律，就能培养出合理利用时间的好习惯，虚度韶光的事就不会发生了。

时间统计的第一步是建立时间账户。毫无疑问，时间是一种无形资产，拥有大把的时间，就好比账户里有了一笔虚拟存款。你需要了解每一笔款额的去向，用准确的数据列明它的每一次支出，通过观看记录，你便能掌握所有有关时间的信息。比如你把时间都花在什么事情上了，哪个目标占用的时间最多，哪些时间被白白浪费掉了，关于时间规划你还有哪些需要改进的地方，如何提高时间的利用率，以便提高执行目标的效率等等。

你可以试着把每一天的 24 小时当成一笔有价资产，无论做任何事情，都要把相应的时间开销记录下来，每天坚持记录，这样你就能得到一份数据翔实的时间账本。翻看时间账簿时，也许你会感到分外吃惊，因为你有可能发现自己的宝贵时间被浪费在大量的琐事上了，而执行目标的时间却被大大压缩了。

为了改变这种局面，你必须学会对日常琐事开刀，把无关紧要的事统统删减掉，只有这样，才能保证让自己把更多的时间投入到执行目标任务上。

林菁原本计划两年内把大学时欠下的助学贷款还完，可是计划执行的第一个念头，她便感觉这个目标似乎实现不了了。起因是眨眼就到年尾了，她根本就没有攒下钱，银行卡上的数字依旧少得可怜。林菁觉得很奇怪，她工作一直很努力，但是效率始终提高不了，以至表现平平，加薪遥遥无期。周末她至少要抽出一天时间做兼职，大部分节假日都在商场做促销，可为什么投入了那么多的时间资源，却一点产出都没有呢？

在回顾毕业一年走过的路时，林菁感慨地说："我不清楚银行卡里的钱都花到哪儿去了，也搞不清时间都去哪儿了，灰头土脸、辛辛苦苦地忙了一年，什么也没得到。"同学说："你每做一件事，把所花费的时间写下来，这样不就能弄清楚时间都花在哪了吗？"林菁恍然大悟地说："对呀，我怎么就没想到呢？"下午，她兴冲冲地到文具店里买了一本账簿，此后每天都在详细地记录自己耗用时间的情况。

翻看时间账簿时，她发现自己工作效率不高的原因是注意力不集中，几乎每执行一项任务，她都会被一些无关紧要的事情拖住，比如她会花很多时间摆放办公桌上的文件，耗费了不少时间给同等类型的文件排序，这种工作本来是不必要的，她之所以这么做，仅仅是为了缓解压力而已。再比如周末她会把大量的时间花费在睡觉上，经常睡到中午 12 点才迟迟起床，这样就只能做小时工了，收入当然十分有限了。

林菁发现自己周末全天做兼职的次数非常少，大多数情况下都在做小时工。要想改变这种局面，她必须改变嗜睡的毛病。其实，一个人只要能保证8小时的充足睡眠就可以了，睡得太多反而对身体健康有害。由于克服了自身的弱点，提高了时间利用率，林菁在接下来的两年里成功完成了偿还助学贷款的目标，过上了无债一身轻的新生活。

建立时间账户最大的好处在于可以让你学会诊断利用时间的情况，弄清哪些事情根本就不必做，哪些事情不应该耗用那么多时间，进而帮助你取消浪费时间的活动，提高执行目标的效率。

进行时间管理需要注意的是，需要给予自己一定的弹性空间，有些人总是低估完成目标任务的时间，结果由于不能按照原计划执行，压力陡然增大，反而使得执行效果更加不尽如人意。有些人则经常高估目标任务的难度，给予了自己过于宽裕的时间，结果造成了时间的浪费。时间账户可以帮助你了解执行任务时的具体情况，有助于你纠正自己的弊病，对原有的时间规划作出合理调整，如此你便能在执行目标的过程中制作出更符合现实情况的时间计划表了。

理想的节奏是张弛有度、收放自如

关于时间管理，不同的人有不同的看法，有的人说时间管理本质上就是自我管理，有的人说时间管理可以简单地理解为对时间的规划，还有人说时间管理其实就是行为管理。这些观点都有可取之处，可是无论你是想管理自我、约束自身行为，还是想科学规划时间，都离不开一项要素，那就是对时间节奏的把握。

我们知道节奏的强弱、快慢可以直接影响事物的整体，以音乐为例，行云流水般舒缓优美的节奏，大多可以给人带来美的感受，而急促劲爆的快节奏，则会给人带来铿锵有力的感觉。以步伐为例，缓步徐行能体现出闲适的心情，而行色匆匆的步态总能让人联想到劳碌的苦涩。不同的人执行目标时均有着自己的节奏感，只有掌握了适度的节奏感，做到张弛有度，你才能以最佳状态高效地达成目标。

很多人追求的宗旨是：优雅地工作，精致地生活。然而要真正做到这点又谈何容易呢？不少人在执行目标时，总是按照紧锣密鼓的节奏行动，每天忙得焦头烂额，搞得自己身心俱疲。有些人声称自己非常热爱这种忙碌和紧张的生活方式，业务繁忙说明自己很重要，表明自己更有价值，可事实并不是这样，否则社会上也不会出现一个叫穷忙族的庞大群体。客观地说，社会对于一个人价值的衡量取决于你最终取得的成果，它和你的劳累及忙碌程度未必有直接的关系。

穷忙、瞎忙的人最大的问题是调控不好自己做事的节奏，该有条不紊缓步执行的时候，偏偏要一次次发起急冲锋，等到该为紧急任务冲刺时，能量大部分被消耗光了，结果因为速度滞缓，把最重要的任务耽搁了。事实证明，拼命未必真能出成果，把控不好时间节奏，即使耗用再多的时间也不能获得预期的结果。

孙巍不懂得如何把控目标进度，也掌握不了做事的节奏，所以总是陷入尴尬的境地。刚参加工作时，她翻译资料的速度最慢，总是拖团队的后腿，屡次受到批评。后来她有意识地加快了速度，几分钟就能翻译完一篇资料，一整天下来翻译的资料有几十页之多。老板对她的转变感到非常满意，特意在员工大会上表演了她。可是没过几天，她又成了重点批评的对象。起因是她只重视速度，不关心翻译的质量，翻译的稿件漏洞百出。

为了杀一儆百，端正员工的工作态度，老板严厉处罚了孙巍，扣了她两个月的奖金。孙巍感到十分难过，她不知道该如何是好了，作为一个新人，业务不熟练，即使翻译的速度略微慢一些也是情理之中的事，可苛刻的老板偏偏要求她像工作多年的专业人士那样把工作做得又快又好。没有办法，她只好每天像拼命三郎那样战斗，临近月底的时候能量几乎全被用光了，最后的冲刺阶段，她的速度明显慢了下来，结果又一次拖了团队的后腿。

痛定思痛后，孙巍开始总结经验教训，她认为每时每刻都以百米冲刺的速度前进是不科学的，毕竟谁也不是超人，不可能永远不知疲倦地向前冲。她发现自己早上精力充沛，翻译稿件的时候状态比较良好，而到了下午两点以后，效率明显下降，无论怎么驱策自己，都无济于事。所以她决定在黄金时间阶段，多翻译一些稿件，下午速度适度放缓，尽量保证自己以最佳状态投入工作。改变工作方法以后，孙巍的工作效率有了明显提升，她再也不像以前那样又忙又累了，再也没有拖过团队的后腿。

科学研究表明，人的大脑活跃程度在一天之中的不同时间段是存在差异的，每个人都有属于自己的高效黄金时间段。有的人早上思维比较活跃，精力比较充沛，有的人晚上头脑比较清醒，办事效率明显高于白天。找到了自己的高效时间段，就很容易掌握执行目标的节奏了。

在黄金时段，好比在走下坡路，即使没有刻意加速，你也会以很快的速度向下冲去；在自己状态最差的时段，无论做什么事情都像艰难地爬坡一样，无论你多么努力，都不可能改变这种状态。所以你应该试着把最关键最重要的任务放在黄金时段完成，以此来保证自己的工作效率，把相对不那么重要的目标任务放在非黄金时段完成，以此保证脑力的有效利用。

在大脑活跃的巅峰时期，你可以给予自己一定的加速度，进一步提高自己的效率，等到大脑活动进入低迷时期，你可以适度放缓速度，给予自己养精蓄锐的时间，保证自己在下一个黄金时段执行任务时，精力更加旺盛，状态更加良好，以此进入新一轮的良性循环。

中断时代，你如何做到更好

在执行目标时，人们常常有一种错觉，误以为自己的行动始终是连续的，可事实上，其行动随时都有可能被打断，这就是很多人总是忙忙碌碌却一直十分低效的原因之一。美国加州大学欧文分校的信息学教授格洛里亚·马克在调研国内两大科技公司时发现，办公室职员平均每 11 分钟就会因为一通电话、一封电子邮件中断手头的工作，或者因为同事的打扰而暂停工作任务，而要他们把注意力重新聚焦到原来的工作任务上，至少要花费 25 分钟的时间。这种现象被称为“时间碎片化”。

时间碎片化和碎片时间是两个截然相反的概念，后者是指将零散的时间利用起来，前者是执行目标时，任务一再中断，整块的时间被击成无数的碎片。我们正处在一个“充满中断的时代”，无论做什么事情，随时都有可能被打断，这就意味着我们的时间不知不觉被偷走了，我们永远都赶不上社会快速发展的节奏。

时间碎片化意味着我们的大脑要在不同的任务目标之间切换，这是非常耗时伤神的。科学研究表明，人脑不能同时高效地处理多项任务，智商再高的人也做不到这一点。人的大脑就好比电脑，不仅结构精密、运行高效，而且可以游刃有余地处理复杂的运算，但是若是多个程序窗口同时开启，它就势必会陷入瘫痪或死机的状态。

也许你并不认同这个观点，认为有的人可以边看电视边织毛衣，边听音乐边写东西，说明人是完全可以做到一心两用的。专业的杂技演员不是经常把好几个球抛向空中，接球的时候也毫不费力吗？这种说法是不科学的。关掉电视织毛衣，效率一定比边看电视栏目边织毛衣快得多，杂技演员只抛一个球只接一个球，一定要比同时抛好几个球接好几个球轻松得多。

在最近的一项研究中，人们发现，依次先后执行多项任务的人比只完成一项任务的人，耗费的时间要多出30%，失误的概率也增加了一倍。可见时间碎片化会直接导致低效，被一项新任务打断正在进行着的任务，对我们来说是非常不利的。

小菲最近很是烦恼，因为工作时她频频被别人打扰，以至于当天的工作任务总是完不成。由于刚入行不久，年纪又轻，大家不知不觉地把她当成了勤杂工，一会儿吩咐她打印文件，一会儿又让她去接电话，搞得她不胜其烦。老板还把处理客户邮件的工作任务分配给了她，让她随时回复新邮件。

小菲从事的是出纳工作，正常的工作任务是粘贴原始凭证，记录收入支出款项，登记银行存款日记账和现金日记账等内容。可是每次她从事本职工作时，都会被别人打断，重新把精力拉回来的时候，都需要耗很多时间，因此总觉得时间不够用，更糟糕的是，老板非常喜欢把她叫到办公室长谈，每次谈话都在半个小时以上，而谈话的内容又都是一些鸡毛蒜皮的小事，这让她非常苦恼。

有一次，老板对她说："你采购办公用品的时候要学会货比三家，一定要以最经济的价格把东西买来，这样才能为企业减少不必要的浪费。就拿你上次采购黑色中性笔为例吧，有的文具店卖2元一支，但是你却以每支 2.5 元的价格买下了，这样无形中每支便多付了 5 毛钱。还有，用过的纸张不要立即丢弃，反面也是可以正常使用的嘛……”

小菲连声说：“我知道了，知道了，下次一定注意。”她紧张地盯着手表，眼看半个小时过去了，但老板还是意犹未尽，似乎仍有许多话要说。“作为一名财务人员，你的心思必须像针眼一样细，账本上的数字要精确到几角几分，在实务中也得把几角几分钱看在眼里，要学会尽可能地为企业节约开支，明白吗？”

小菲连连点头，这才被允许回到自己的办公室，可是再次看表时心都凉了，因为再过十分钟就到下班时间了，而她的办公桌上还有一大堆原始凭证没有整理。她知道今天的工作任务又完不成了，只好期待明天少些打扰，尽可能地多做些事情吧。

在当代社会，“不被打断的时间”变得越发稀有和难得，很多人都面临着时刻被打扰的问题，那么，怎么做才能尽可能避免外界打扰给自己造成的负面影响呢？面对这种情况，首先要做到两点：一是在日程表里设定“不被打扰的时间”，集中精力高效办事；二是切断通讯，专注于手头的目标任务。

作为一名普通的工作者，你无力阻抗来自老板、上司、客户、同事的打扰，但是可以通过合理安排时间的方式，改善这种状况。天长日久，你必然能从日常工作生活中找到某种规律，弄清自己被打扰的高峰时段以及少有干扰的时段，找到规律以后，你可以试着把紧要的任务放在较少干扰的时段处理，将零散的相对次要的任务安排在总被打扰的高峰时段处理。

在执行任务目标时，最好将手机调成震动状态，目的在于防止垃圾短信或推销电话的打扰，QQ 可设置成隐身状态，微博最好处于关闭状态，这样做可有效排除外界因素的干扰。努力为自己创造一个安静的环境，促使自己潜心完成目标任务。

时间也是可以巧妙搭配的

鲁迅说："时间就像海绵里的水，只要愿挤，总还是有的。"意思是挤出更多的时间就等于延展了生命的长度，这样人就可以在有限的生命里做完更多的事情。的确，懂得如何挤时间的人拥有的时间似乎总是比别人多，可是拥有更多的时间，并不一定意味着效率更高。譬如你在一天中多挤出一小时，把本该用于休息的时间用来工作或者完成其他的任务，效率一定会比平时低很多。与其拼命挤时间，破坏自己的正常作息，还不如想方设法提高时间利用率。

提高时间利用率，意味着你必须把现有的时间转化成附加值更高的时间，如何才能做到这一点呢？答案是学会合理地统筹时间。统筹安排是合理利用资源、提高效率的有效方法，学会运用统筹方法，你就可以通过优化组合、巧妙搭配，用最短的时间完成目标，大大提高办事效率。

以泡茶为例，你要做的无非是五件事情：即清洗水壶，清洗茶杯，烧水，准备茶叶，冲水泡茶。五项工作的排序有以下几种：

1. 洗净水壶，将里面灌满水，放在火上煮，水烧开后，清洗茶杯，准备好茶叶，最后冲水泡茶。

2. 先把水壶和茶杯洗好，准备好茶叶，再把水壶灌满水，将凉水烧开，最后冲水泡茶。

3. 先把水壶洗干净，然后灌水烧水。等待水开的过程中，清洗茶杯、准备茶叶，水烧开后冲水泡茶。

显然，第三种方法最可取，在烧水的过程中，洗茶杯备茶叶，把两项工作内容安排了在空闲时间段，大大节约了时间，比前两种方法更合理。统筹方法的原理是通过巧妙地搭配时间，人为地缩短完成多项目标任务的整体时间，提高了单位时间的利用价值。

统筹时间是一个比较抽象的概念，毕竟时间是看不见、摸不着的，我们只能通过手表、日历、天色物象的变化感知它的流逝。为了更好地理解统筹的必要性，我们可以把时间想象成可视的空间，比如某个植物园，把高高低低的植物想象成不同的目标任务，通过统筹安排，让橡胶树、茶树高低错落，各得其所，才能更好地利用好有限的空间。统筹安排最大的作用是提高资源的利用率，最大限度地减少资源浪费，帮助你快速高效地实现各个目标。

柳枚每天 5 点半下班回家，一共要做 6 件事情：1. 用电饭煲煮米饭；2. 炒菜；3. 打扫房间；4. 摆放碗筷；5. 整理桌布；6. 洗衣服。她的丈夫和儿子通常会在 6 点半左右回家。每次他们回到家里时，饭菜都没有做好，房间也没收拾好，家里看起来乱乱的，正在长身体的儿子总是嚷着肚子饿。柳枚颇感无奈，总是皱着眉头说："你没看到我正忙着吗？我又不是机器人，不可能在短短一小时之内做完那么多的事情，你们又不肯分担家务，还回来就想吃上热饭。"

丈夫说："一个小时的时间确实不多，不过我觉得主要是你的做事方法有问题。不如你先说说你都忙了些什么，好让我们帮你分析分析问题出在哪里。"柳枚说："我回到家之后，连口水都顾不上喝，就忙着给你们洗脏衣服，不知不觉半个小时过去了。"儿子插嘴道："妈妈，你可以用洗衣机洗衣服，把省下的时间用来做饭。"

柳枚说："脖领、袖口的位置洗衣机洗不干净，必须要用手洗。"丈夫叹口气说："好吧，接下来你又做了什么？"

柳枚接着说："洗完衣服，我开始炒菜，刚炒完两道菜你们就回来了，米饭没来得及煮，房间也没来得及打扫。""你还有什么事没做完？"丈夫又问。"煮饭、打扫房间、整理桌布。"丈夫说："我们重新把时间规划一下，改变一下做事的次序，你可以尝试着先用电饭煲煮饭，然后快速搓洗好脏衣服的领子袖口，把衣服放进洗衣机清洗。在电饭煲和洗衣机都在运作时，先后完成炒菜、打扫房间、整理桌布、摆放碗筷四件事情，这样就可以更好地优化配置时间资源了。"

柳枚觉得这种安排十分合理，第二天就按照丈夫教授的方法做家务，果然在短短一个小时内完成了好几件事情。此后丈夫和儿子每天回家之后都能马上吃上香喷喷、热腾腾的晚饭，再也不用坐在沙发上苦等了。家里也比以前整洁了很多，一家人从此过得其乐融融。

想要更好地统筹时间，不仅要弄清各项工作的先后次序，还要有全局观念，对各个步骤做出合理安排，除此之外，还要分清哪些步骤可以并列进行，合理利用好平行时间，以此提升执行的效率。需要注意的是，平行时间的安排必须妥善得当，保证两项任务互不干扰。比如一边用洗衣机洗衣服一边打扫房间是符合情理的，两者之间互不影响，但是一边打扫房间一边画图纸就不合理了，因为一心不可二用，两件事情的执行成果均会因为彼此干扰而受到影响。

以学英语为例，边洗漱边听英文广播是合理的，洗漱是一种习惯性的下意识动作，不需要动脑思考，不会影响到你听英文广播。但是过马路时听英语单词就不合理了，因为过马路的时候你必须眼观六路、耳听八方，大脑需要对红绿灯信号和前面的路况做出及时的判断，若是因为听英语单词分了心，你的处境就危险了。

现实生活中的例子告诉我们，学好统筹方法很重要，但统筹安排必须合理，不合理的统筹即便能起到节约时间的作用，但比起它带来的恶果，这点微小的作用实在是微不足道，所以对于统筹方法我们必须慎重对待，不能盲目地套用。

把握左右脑切换的艺术

我们知道，一块土地连年种植同一种作物，土壤的肥力会越来越低，作物会随之连年减产。这是因为作物将土壤中的大部分养分都吸收了，土壤因此变得越来越贫瘠。为了避免这种状况出现，农民发明了间作套种法，在同一片土地上按照一定比例种植不同的作物，不仅减少了土壤肥力的丧失，还提高了农作物的产量。

高效人士推崇的连续分段时间管理法，在原理上和农业上的间作套种法十分相似。在现实生活中我们或多或少都有过这样的体验：长时间地执行一个目标，我们极容易产生厌烦疲劳的情绪，这是因为我们的脑力像土壤的养分一样被慢慢消耗殆尽了，不能再正常思考和运作了。假如我们能适时调换新的工作内容，精神和脑力就会很快得到恢复。

我们知道，人的左右半脑的功能是不同的，左脑主要掌管语言、文字、数字、逻辑、分析、次序等方面的内容，能进行抽象逻辑思维和分析思维活动。右脑主要掌管色彩、图形、空间、想象、直觉、情感等内容，擅长进行形象思维、发散思维和创造性思维活动。我们平时思考分析问题、写计划写方案，所用的是左脑，而复印材料、画图、琢磨创意点子用的是右脑。如果我们能让左右脑的活动交替进行，就能使两个大脑半球轮流得到休息，疲劳感和紧张厌烦感就会减轻。

连续分段时间管理法的妙处在于，根据人类左右大脑运作的原理，把时间分成“连续”和“分段”两种，以此来最大限度地保存脑力，使自己的脑细胞在得到充分休息的前提下，保持高效运行。掌握了这种方法，往往能收到事半功倍的效果。

小琴年初给自己制定了若干个工作目标和学习计划，她每天累得头昏脑涨，忙了整整大半年却一点成果都没有。她感到非常茫然，不知道问题出在哪里。和朋友闲聊时，小琴忍不住大吐苦水，朋友说问题可能出在工作方法上。

小琴详细地把自己在工作、生活和学习上的安排告诉了朋友，比如她会花一个小时的时间收集、整理和分析数据，然后花三个小时的时间写策划案，中午忙到一点才去吃午饭，因为太过劳累，整个脑子就像糨糊一样。下午上班后，她接着写策划案，快要下班时通常会做些收集图片、画图和打印资料的小事情。

朋友听完之后说：“你大部分时间都在连续使用左脑，大脑当然劳累了。”小琴听得一头雾水。朋友解释道：“收集和分析数字、拟写方案都是由左脑负责的，因为这两项内容分别属于数字和语言区域。”“原来是这样啊，可作为一名策划，本来就用左脑的时候比较多。”小琴感叹道。“你可以适度地使用一下右脑，让左脑休息休息，比如收集图片、打印资料、画图之类的事情都是右脑负责的，左脑疲劳的时候，不妨做做这些事情，这样既完成了任务的一部分，又让左脑得到了休息，何乐而不为呢？”朋友说道。小琴高兴地说：“好吧，我以后会试试你介绍的方法，也许它确实管用呢。”

在生活中，人们常有这样的体验，正在紧张地写文章时，忽然想插几张图片，印象中记得那些图片似乎在哪个网站上见过，可是又记不清了，于是停止了写作，开始忙着搜索图片。千万不要因为出现这样的情景而烦恼，这是你的大脑自觉调整状态的一种反应，它在以某种微妙的形式告诉你左脑太过疲劳了，该让它歇歇了，所以右脑主动接过了接力棒，自觉开动了启动程序。也就是说你的大脑自觉选择了连续分段时间管理法，开始自动轮番休息。

无论是在工作还是在学习中，都不要过多地消耗左脑或右脑，假如你由于长时间用左脑分析和思考，感到非常劳累，不妨试着做些右脑所掌控的事情。假如你长时间用右脑进行创意活动导致过度疲乏，找不到灵感的时候，不妨先让右脑休息一下，切换到左脑工作。让左右脑交替工作，不仅可以有效消除疲劳，还可以全面改善工作质量，激发灵感，使你的大脑在保持理性思维的情况下，迸发出惊人的创造力。

15 分钟法则：成败只在一念之间

很多人都对自己说过类似的话："今后我一定好好表现，争取早日升职。""我要好好掌握一门技能，提升自己的核心竞争力。""我一定要减肥，让自己变得更美丽更健康。"提出目标的时候，人们都是热血激沸腾的，可是过了几个月就会发现，事情并不像自己想象的那么简单，有些目标根本就执行不了。

渴望升职加薪的员工，可能进入了发展瓶颈期，晋升之路遥不可及；想学技能的年轻人可能发现所学的东西太难了，于是产生了放弃的想法；天天高喊着要减肥的人，可能由于工作太忙抽不出时间运动，也可能由于生活压力太大患上了贪食症，体重完全失控，减肥几乎成了不可能完成的任务。

人们常常因为没能完成某个目标而感到愧疚自责，有的人为了弥补过失，总想着亡羊补牢；有的人为了在回避困难，让自己心里好过一点，会选择暂时将难度大的目标任务搁置起来，然后开始着手新的任务。也就是说把原来的目标任务变成了后台任务，暂时不理不睬，现在马上忙于新任务。这种做事方法科学吗？答案是否定的。

熟悉电脑的朋友都知道，后台启动项过多，不仅会延长开机和关机的时间，还会直接影响电脑运行的速度。因为后台程序会严重干扰到其他程序的运行。从时间管理的角度看，想要缩短开关机的时间，让电脑运行得更快，最直接的方式就是限制后台启动项的数量。生活中，我们暂时搁置一个目标，执行新目标时，面临的就是类似的情况。我们在执行新目标时，心里往往惦记着没有完成的旧目标，由于内心承载了太多的压力，精力过于发散，往往花费了很多时间，却没有高效地完成任何一个目标。

其实新旧目标的切换往往是一念之间的事，如果你能在 15 分钟内控制住了自己的念头，说服自己再多坚持 15 分钟，往往就能熬过最艰难的时期，将自己拖回到原来的目标轨道上来。这种方法被称为 15 分钟的法则，它指的是守住 15 分钟，在自己情绪波动最大的时刻，咬牙坚持下来，让目标得以继续执行，你就很有可能走到最后，达成目标。

三个年轻人相约一起爬山。第一个人每爬一段距离，都会抬头仰望山顶，心想：我爬了这么久，现在还在山脚，怕是到天黑也不能登顶。我何必要坚持呢，还是早早下山吧。于是就兀自下山回家了。

第二个人满头大汗地爬到了半山腰，累得气喘吁吁，觉得自己实在爬不动了，就索性坐下来休息。他看到了山下绿油油的原野和散落的牛羊，看见了山间蓊郁的树木和遍地开放的野花，觉得眼前的风光十分美好，心想站在山顶上居高临下俯瞰，看到的风景一定更壮观更优美，可惜自己没有力气爬到山顶了，只能等到以后再实现这个愿望。他感到分外遗憾，最后也默默地下山了。

第三个人爬到山体四分之三的位置时，也想过要放弃，他又渴又累，觉得接下来的每一秒钟都变得异常漫长和难熬。他也曾安慰自己说来日方长，今天爬不上去，大不了以后再来。可是又不甘心就这么下山。有一刻钟的时间，他的大脑里好像有两个小人在不停地吵架，最后选择坚持的那个小人胜出了，他成功爬到了顶峰，看到了自己一直渴望的风景。他激动地俯瞰着脚下辽阔的风光，霎时间仿佛拥有了整个世界。

后来三个人又一起制定了一个新目标，决定到桂林摄影采风，将文章和图片发表在旅游杂志上。他们来到桂林以后，第三个人拍了很多美丽的图片，抓住了桂林山水的神韵，很快找到了灵感，写出了一篇非常精彩的游记，投稿之后，顺利地将文章发表在了某知名旅游杂志上。

第一个人和第二个人在拍摄桂林山水时，心里总想着之前那座没有爬完的山，不知为什么总是走神，拍出的照片非常刻板，一点灵气都没有，写文章的时候他们同样不在状态，写着写着就跑题了，不知不觉地将话题转移到了那座没让自己登顶的山上，结果花费了好几天时间也没写出一篇像样的文章来，最后只好放弃了。

心理学研究表明，一个目标的搁浅，极有可能影响到下一个目标的执行，一旦你让某个应该执行的目标烂尾，或者将其悄悄转入后台，就会在无形中浪费更多的时间和精力。所以遇到阻力的时候，不要轻易放弃，闭上眼睛，深呼吸几分钟，冷静之后再做决定。无论如何都要把握住最关键的15分钟，尽最大努力战胜自己，你的明天会更加美好。

第六章

拒绝拖延，做高效的行动派

当今社会，每个人都或多或少地存在着拖延行为，有了目标和计划以后，总是要拖上几个小时或几天后才开始执行。有些人认为拖延其实跟普通感冒没什么区别，无须大惊小怪，也没必要太过担心，有些人则认为拖延会让我们的生活变得一团糟，甚至会让我们的计划破产、目标落空。这绝不是危言耸听，患上了拖延症，再美妙的计划也会成为空中楼阁，拖着拖着时间就被耗光了，很多目标就是这样烂尾的。

一次拖延阻碍一次目标的执行，当拖延成为一种习惯，你就有千万个理由不去完成其余的目标，如此下去，大部分目标都不能如期完成了。即使在最后阶段仓促地完成，质量也得不到保证。拖延症是一种社会流行病，也是一种心理疾病，我们必须充分了解这种病症，掌握战胜拖延之道，才能由低效一族转变成高效的行动派。

将未来链接到当下

艾米喜欢随心所欲、自由自在的生活方式，时间观念比较淡薄，不到最后时刻，什么也不想做。她总是在上床睡觉前才想起洗碗，换下的衣服拖到礼拜天下午才肯动手洗，工作时常拖到最后一刻完成。她平时懒懒散散的，但被逼得无路可退时，潜能却能立即爆发出来，几乎能瞬间秒变超人。这着实让人觉得不可思议。

虽然在最后几天或最后一天的日子里，艾米觉得相当难熬，但是她却坚持认为一切尽在自己的掌控中，相信自己在最后关头一定能有超常的表现。直到有一次提案没通过，她才改变了看法。总结失败教训时，她认为这次之所以没能写出优秀的提案，主要是因为时间太紧，压力太大。以前她接手的都是一些小项目，所以处理起来还算游刃有余，可这次不一样，她接手了一个难度极大的大项目，拖到最后几天才开始动工，顿时手忙脚乱，结果可想而知，提案写得一塌糊涂，客户和老板都感到非常不满意，她感受到了前所未有的压力和危机感。

当代社会有很多人像艾米一样迷失在时间感里，主观时间和钟表时间严重不一致，总以为时间很宽裕，做事拖拖拉拉，不到最后一刻不愿采取行动，等到发现时间不够用时，已经没有办法补救了。这就是人们不能及时完成目标任务的原因。

我们对时间的感受通常带有很强烈的情绪色彩，时而觉得日子过得像蜗牛爬行般缓慢，时而觉得人生如白驹过隙。如果我们以主观时间而不是以钟表时间为基准，就很难保证执行进度。缺乏时间概念，最直接的后果就是沦为拖延一族。

大量事实证明，如果改不掉爱拖延的毛病，我们随时都有可能遇到大麻烦。比如将和一个重要的客户进行商务洽谈时，由于犯了拖延的毛病，你迟到了，那么，你的损失则不仅限于一笔大单，职业生涯也很有可能因此毁于一旦；再比如你和昔日恋人复合以后，第一次约会时你又迟到了，对方误以为被放了鸽子，提前离开了，那么想要和对方重归于好的愿望就不容易实现了。

有时候，拖延10分钟就有可能付出沉重的代价，如果拖延更多的时间，后果将不堪设想。或许有些人觉得这种说法是危言耸听，认为晚点完成目标并不见得一定要有什么严重后果，比如很多作家都有延迟交稿的习惯，优秀的创意者总是在最后一刻灵光乍现，这些都是个案，少数精英如果在某个领域取得了登峰造极的成就，即使有拖延症的毛病，也会被包容，但对于广大普通人来说，情况就大不一样了。

追求目标的过程，对于我们来说就像赶火车，我们必须在规定的时间内到达站点，才能坐上自己的车次，否则就不能如期到达目的地。列车在我们迟到的时候会呼啸而去，不会为任何人晚开一秒钟。很多拖延症患者不喜欢把自己限定在有限的时间框架内，拒绝让冰冷的数字主导自己的生活，殊不知，当你任意为之的时候，生命里很多重要的东西正离你而去。

心理学家认为，如果把目标实现的期限设定在遥远的未来，就会给人一种很不真实的感受，让人误以为它实际上并没有那么重要。相反，如果你把时间向前推进，目标就会变得清晰而紧迫。这种现象被称之为“未来折扣”。生活中，人们总是把未来的事情一拖再拖，主要是跟未来折扣有关。想要改变这种局面，你必须学会把未来的计划修改成即时计划，要迫使自己立即着手执行。

比如你制定了一个非常遥远的目标，打算存一笔钱等到退休以后周游世界。在正常情况下，你根本就不会把这种目标写进自己的日程表里，接下来的日子里会照旧大手大脚地花钱，很有可能把存钱的目标推到退休前的两年执行，结果可想而知，退休以后你肯定存不够周游世界的钱。假如你略微修改一下计划，结果就会大不相同。你可以尝试着把未来的目标推到当下，把未来计划改成当下的每日计划，每天预估自己的财务状况，规划存钱的额度，目标就不会被延迟执行了。

克服拖延症最有效的方式就是通过计划在未来和现在之间建立起链接，按照阿兰·卡凯因的说法就是："计划是将未来带入到当下，这样你马上就可以做一些事情来创造未来。"不要总盘算着未来几日内、几周内或者几年内应该实现什么目标，而要时刻考虑现在应该立即着手做什么。如果你计划一个月内写出一个方案，很有可能把这件事情拖到月底来做，倘若你换种思维方式看待问题，改变一下时间理念，认真思考接下来的一分钟内、一刻钟内、一小时内应该为计划做点什么，你就不会产生拖延的念头了。

拖延会上瘾

提到战胜拖延，大部分人都将目光聚焦到了时间管理和行为控制上，这些通常在短期内效果明显，但要根治拖延症，我们必须从心理层面入手。绝大多数的拖延者都知道拖延行为有害，但是却好像对拖延上瘾了一般，屡戒不止，这是什么原因呢？

回想一下你上一次拖延的经历，你任性地把枯燥乏味、备感压力的事情拖延了好几天或者好几周之后才做，当时的感受是什么？感到惶恐不安？害怕目标任务完不成？其实都不是，事实上，你从拖延中得到了某种满足感和快感。拖延之后，你获得的是一种自由和解放的感觉。

拥有这种感受是非常正常的。趋乐避苦是人的本能，把自己不想面对的事情无限向后推，至少可以让你暂时获得解脱。也就是说你是在用逃避痛苦的方式追求快乐，同时抓紧时间及时行乐。仔细回顾一下你在拖延期间所做的事情，大部分都和休闲娱乐有关，它们就像不健康的膨化食品和甜品，尽管对人有害，但却能给你带来极大的享受，让你欲罢不能。

现在明白自己为何总被拖延症所牵绊了吧，因为拖延是有诱惑力的，它能让你在短时间内获得快乐。痛苦、内疚、自责等负面感受并不是你拖延过程中的真实感受，这些感受通常是拖延行为即将终止之际，你忙着仓促完成目标，面临如山的压力时或者因为拖延导致目标无法完成时才出现的。

拖延，本质上是透支未来的幸福购买当下的快乐。这就好比一个老烟民，明知道长期吸烟危害身体健康，几十年后自己很有可能患上肺癌，但是一想病痛是几十年之后才要面对的事情，便取消了戒烟的打算，此后依旧每天烟不离手，日日享受喷云吐雾的快乐。拖延症患者的心态正是如此，拖延时注意力多半集中在当下的快乐上，一心想着日后再面对痛苦。

彰化是一个严重的拖延症患者，每次统计数据时都会走神，制作电子表格时，迟迟填不上一个数字，满脑子都是天马行空的想象，有时他会把死板的表格想象成一个贴满瓷砖的地面，把纵横交错的线条想象成砖块间狭窄的缝隙。他从这种不着边际的幻想中获得了极大的乐趣，以至于把工作任务完全抛在了脑后。

彰化从小就讨厌数学，可高考时偏偏阴差阳错地考上了会计专业，毕业之后又鬼使神差地做了统计，从此每天度日如年。统计只是加减乘除的运算，大多时候只是加减运算，这种工作对于别人来说可能是小菜一碟，可对彰化来说却不是这样，他对数字不敏感，即便是进行简单的数据抄写也经常出错，更别说要对一大堆数据进行运算了。

每天坐在电脑前看表格，彰化都感到无比头痛，为了延迟数字给他带来的心灵摧残，他选择了逃避，常把表格推到最后一刻才做。大部分时间他都在玩网游、看新闻和胡思乱想，每天过得优哉游哉。临近月末，他才开始慌张，忙着填写各种表格。由于经常计算失误，他连续被扣了好几个月的奖金。他多次尝试着改掉拖延的毛病，均以失败告终，起因是他总是好了伤疤忘了疼，每月月初看到数据就无比厌烦，而玩网游时则无比快乐，结果又重复了上个月所犯的错误，似乎陷入了无法走出的死循环。

造成拖延的原因有很多，大体包括四种：一是跟完美主义情结有关；二是因为极度厌恶眼前的事情；三是因为心理压力太大，感到不堪重负；四是自信心不足，害怕失败。无论是哪种原因促使你拖延，你面临的处境都是相同的，那便是即将着手的事情是你不想去做的，你希望把时间花在眼前的享乐上，而不是令自己深感痛苦的事情上。即使你非常清楚，享乐是不对的、有害的，而自己极力逃避和拖延的事情才是应该倾力去做的，却无法控制自己的行为。

拖延是一种瘾，以人的本能倾向为例，想要改变这种状况，唯一的方式就是戒瘾。戒掉拖延瘾包括以下几个步骤：

1. 主动远离让自己上瘾的环境

大多数拖延症患者都有网瘾和手机瘾，经常被网络上夺人眼球的爆炸新闻或是各种刺激的虚拟游戏吸引，有的人则手机不离手，时而忙着聊微信，时而沉浸在手机小说里。想要解除拖延瘾，必须先戒掉网瘾和手机瘾。不妨试着把手机调成关机状态，在不影响工作的前提下断掉网络连接。如果你的工作需要网络工具辅助，那么你可以监督自己有限地利用网络资源，尽可能地排除娱乐新闻和网络游戏的干扰。

2. 建立新的习惯

有时候我们养成了某个习惯，跟主观好恶完全无关。最简单的例子是，我们未必喜欢刷牙，但每天却要坚持刷两遍牙。任何事情一旦形成了习惯，就会变成一种十分自然的事情，基本上不会再引起你的抗拒情绪了。要尽量养成今日事今日毕的好习惯，执行目标时，不要让自己拖延一分钟，坚持 21 天之后，你就会变成一个高度自律的人，只要继续坚持下去，战胜拖延症便指日可待了。

3. 从外界获得支持

战胜任何一种形式的瘾，都不能仅凭借个人的力量，因为个人意志并不能解决所有问题。生活中，我们常看到不少沉迷于酒精、沉迷网络的年轻人在家人、朋友及同伴的帮助支持下，摆脱了酒瘾、网瘾，过上了全新的生活。这说明关怀和鼓励，对于一个成瘾的人来说是非常重要的。在和拖延瘾展开拉锯战的过程中，你可以从家人、朋友或同伴那里获得支持，一步步地走出拖延症泥潭。

两害相权取其轻

美国心理学家曾经做过这样一项心理学实验：他要求 20 名应届毕业大学生到一家少管所义务工作两年。这份工作费时费力，难度太大，学生们听完后，立即拒绝了。紧接着他又提出了一个新的要求，请求大学生带着青少年到动物园里快快乐乐地玩一次，结果一半的人不假思索地答应了。而当他向另一批大学生提出相同的要求时，只有16.7%的人答应陪青少年去动物园，其余83.3%的人直接回绝了他。

两组大学生的表现为什么差异这么大呢？难道是第一组大学生更有爱心，更喜欢公益活动吗？其实不是。真正的原因在于第一组大学生先是被委以比较难的任务，随后得到了较为轻松的任务，通过比较，他们当然乐于选择后一个任务。第二组大学生面临的任务只有一个，假如他们不喜欢，就会毫不犹豫地回绝。

这项心理学实验表明，人天生就有两害之中取其轻的倾向，比较可以让我们改变对事物的态度。比如小时候，父母吩咐你拖地板，你可能会直接拒绝，但是假如让你在拖地和洗碗之间做出选择，你通常会高高兴兴地去洗碗，因为你认为自己挑选了一件轻松的事情去做。利用这种心理特征，人们发明了一种新的战胜拖延症的方法——比较法。

人们之所以拖延，很大程度上是因为任务列表里的目标任务大多不是自己想要做的，运用比较法，则可能让人们对于目标任务的态度发生反转。如果目标任务难度系数都很高，或者全都极其无聊，无论如何你都不想做，总想把它们拖到最后关头执行，可问题是这些任务偏偏又比较重要，拖延太久极有可能让你付出沉重代价。遇到这种情况该怎么办呢？你不妨给自己下这样的命令，让自己必须在A和B之间选择一个，通过权衡比较，你肯定会选择相对容易的事情来做，如果你觉得任务B对你来说比任务A更容易接受，就会欣然选择B。

执行完任务B以后，你将发现任务清单里还有很多比B更容易完成的事，接下来你会自主地完成相对容易的任务C、D、E，结局可能出乎你的意料，任务清单里的大部分事情几乎都被执行完毕了，只剩下难度高于任务B的任务A。不要轻易放弃A，畏难心理其实是很容易克服的，只要你找一个难度高于A的目标，就有足够的理由说服自己执行A了。

王岳刚开始写论文的时候感到无比痛苦，坐在电脑前时他总是抓耳挠腮，一点思路也没有，于是他就以转换思路为由做了很多跟论文无关的事情，比如打魔兽、玩俄罗斯方块，半天时间很快过去了，而他的文档里只留下了两行文字。眼见日子一天天过去了，王岳却连提纲都没写好，照这样下去怕是不能按照导师的要求上交论文了。

王岳无比焦急，整天被论文搞得心神不宁，同学见他心事重重，误以为出了什么大事，经过询问才知道他只不过是为写论文发愁而已。“本来时间就很紧，可我一到关键时刻就想拖延，我知道这样做不对，可是就是控制不住自己。”王岳苦恼地说。“你现在还有哪些事情没做？”同学问。“我什么事情都没做，提纲没写好，内容没写好，资料没找全，数据也没搜集。”王岳说。

“你先找出最难的两项任务，比较一下，觉得自己更倾向于做哪件事情。”同学说。“最难的当然是列提纲和写内容，一想起要做这两件事情，我的头都要爆炸了。”王岳皱眉道。同学笑着问：“如果两件事情中你必须挑选一件来做，你会怎么选择？”“当然是列提纲，没有提纲怎么写内容？再说列提纲只是设置一个框架而已，比写东西要轻松很多。”王岳不假思索地说。

“你可以先列提纲，然后可以这样安慰自己，至少现在不用写内容，做这件事情相对比较容易。”同学支着道。“然后呢？”王岳问。“然后你在查找资料和收集数据的时候，安慰自己说，做这些事情比列提纲容易多了，列提纲这么难的事情都做好了，眼前这点任务还不是小case。”同学又说。“可是等我列完了提纲、查完了资料、收集全了数据以后，还是要面对最让我头疼的任务——写内容，到时我该怎么办呢？”“你肯定设定过比写论文更难的目标，想想自己在踏踏实实地写论文，而不是被迫执行更难的任务，你的心理就平衡了，接下来就高高兴兴地写论文吧。”同学说。

“我曾经幻想过征服珠穆朗玛峰，它虽然是一个激动人心的目标，不过太难实现了。现在想想，我宁愿待在教室里闷头写论文，也不想冒着严寒和其他不可预知的风险挑战世界第一高峰。”王岳的心情放松下来。经过同学的引导，王岳成功克服了畏难心理，顺利地完成了论文。

其实，任何人在故意拖延的时候都很忙碌，接到不想执行的任务，不是忙着整理资料，就是一遍遍擦拭桌面，或者漫无目的地浏览网页，人们这样做明显是出于拈轻怕重的心理，为什么不尝试着把那些毫无意义的事情，换成任务清单中相对更轻松一些的任务呢？利用比较法，你可以逐一完成难度系数相对低一些的目标，随后将所有目标逐一攻克。

行动让恐惧无处遁形

珍妮多年以前就开始计划到当地的成人大学深造，可是每次拿起电话，想要咨询入学事宜的时候，她的内心都会充满恐惧。她担心自己年龄太大，跟不上老师的讲课节奏，害怕考试不及格，更害怕周围的邻居知道了会嘲笑自己。

由于种种顾虑，她拖延了好多年都没能实施自己的计划，为了安慰自己，她编造了很多冠冕堂皇的借口来掩盖事实。她常对自己说：“假如我去成人大学深造了，就不能在家里迎接放学回来的孩子们了。”实际上孩子们并不在乎妈妈是否待在家里迎接自己，只要照例有可口的晚饭就很知足了。她又说：“如果我把心思放在学习上，丈夫会感到自己受到了忽视。”可事实上丈夫并不反对她深造，且一直鼓励她做自己喜欢的事情。

珍妮最大的问题在于她不敢直面内心的恐惧，还没有采取任何行动，就事先为自己编好了失败的程序。多年以来她一直犹豫不决，似乎有某种力量让她止步不前。眼见日历一天天翻过，她的心情越来越焦急，心想假如再不打电话咨询，恐怕又要错过报名日期了。有一天上午她终于鼓足了勇气，拨通了学校的电话号码，咨询了报名入学事宜。

放下电话之后，她感到如释重负，原来一切都不像她想象的那样难，联系学校也不像她想象的那么可怕。所有的恐惧在她拨通那通电话之后烟消云散了，接下来，她顺利地进入成人大学学习，开启了全新的生活。

现实生活中，很多人像珍妮一样内心被恐惧占据，长期裹足不前，一次又一次地败给了拖延症，以致目标无法落实。这并不能说明人们胆小怯懦，客观地说每个人都有自己恐惧的东西，有的人恐高，有的人恐水，有的人害怕蜘蛛。恐惧是人类的一种普遍情绪，虽然人们恐惧的事物不尽相同，但面对可能到来的失败、未知的事物以及突如其来的改变时，都会感到无比恐惧，世上最勇敢的人也有软弱害怕的时候。

真正勇敢的人不是没有恐惧，而是虽然心怀恐惧，依旧能够努力向前，不等待、不推脱、不拖延，义无反顾地朝着目的地大踏步前进。也许你认为自己并不是这样的勇者，总想着等到恐惧的阴云彻底散去的时候，再采取行动，殊不知，等待的过程就如同抱薪救火，只会在无形中让恐惧加倍滋长。只有当机立断，一刻钟都不拖延，才能迅速消除恐惧。

如果你在执行某个目标时感到无比恐惧，消除恐惧情绪的唯一方法就是马上动手做这件事情，乍听起来，这似乎有些不合理，你也许会觉得自己之所以迟迟不做就是因为内心恐惧，只有先消灭了恐惧情绪，自己才能放手行动。其实不然，你不管不顾地动手去做时，心头的恐惧便会自动烟消云散。其实，恐惧就像角落里的影子，你主动把阳光放进来，它就消失不见了。

恐惧本身的威慑力是十分有限的，比恐惧更可怕的是无休止的拖延和等待。一个伞兵最难熬的时刻就是等待跳伞的一刹那，假如他不能咬紧牙关、纵身一跃，恐惧就会加倍增长，若是教练不能及时鼓励他再跳第二次，那么他这辈子都当不成伞兵了。心理学研究表明，拖延越久心里越害怕，等待会让焦虑加倍升级，消除恐惧最有效的办法就是拒绝拖延，立即采取行动。

回想一下学生时代的往事，你害怕过举手回答问题吗？明明心中有了答案，却不敢当众讲出，想要举手又迟疑不决，拖得愈久愈是没有勇气回答问题了。忽然有一天，你试探着举起了右手，会发现心情顿时无比轻松，心头的恐惧霎时间一扫而光了，接着你用清晰响亮的声音说出了正确答案，赢得了一片掌声，这时你突然恍然大悟，原来恐惧只不过是一戳就破的纸老虎而已。

记住，拖延只会加大你的恐惧，无助于目标的实现，你越是害怕的事情，就越该马上去做。不要总是慨叹，计划落实的希望如尘埃般渺茫，最初设定的目标不可能实现，而要想方设法减少不必要的迟疑和顾虑，迫使自己更快地投入到行动中。只有先动手做事，你才能让恐惧远离你，只有自己主动掌控而不是让恐惧操纵，你才能自我感觉更加良好，对自己更有信心。当你行动起来时，恐惧就会变得渺小，而你的内心会瞬间强大起来，如此，美好的目标才有希望如期达成。

做个快乐的“拖拉斯基”

据国外研究显示，25%的成年人深受慢性拖延问题的困扰，也就是说拖延已经不再是一种个体行为，而是演变成了一种席卷全球的慢性流行疾病。在拖延症患者的群体中，有人因为迟到经常被老板骂，有人因为拖延写论文而被延迟毕业，有人因没及时缴纳各种费用而支付了大量滞纳金，甚至有些人承认自己平均3天才洗一次碗，连最基本的生活都维系不了。

事实表明，拖延症不仅阻碍目标的实现，还严重影响了人们的正常工作与生活。然而在这个人人谈“拖”色变的时代，斯坦福大学哲学教授约翰·佩里却说其实拖拉一点也无妨，他还提出了“结构化拖延”的概念，建议人们从心理上接纳拖延症，做个快乐的“拖拉斯基”，不要为自己的拖延行为而感到羞耻，可以尝试着从小件的优先性略低的事情做起，然后一步一步地完成更重要的工作。他提倡的这种方法叫作结构化拖延法。

佩里教授告诉人们，拖拉不是罪，如果能因势利导地利用自己的自然心理，拖延也可以变得很艺术。拖延并不是什么都不做，拖延者或多或少地都会做些略微有用的事，比如削削铅笔，整理整理文档，收拾收拾房间或办公桌之类的小事。他们让自己一刻都不闲着，无非是为了延迟去做更重要的事。结构化拖延法正是利用了人们的这种心理，让人们在拖延的过程中不知不觉地完成了更多的次要任务。

约翰·佩里教授在斯坦福大学执教时，工作非常繁忙，每天傍晚都要阅览大批试卷，为下一堂课做好充分的准备，此外还有许多委员会方面的工作等着他处理。众多任务压身的时候，他会暂时离开寓所，主动到学生宿舍里跟低年级的学生聊天，热心地了解他们的学习情况和生活情况。大家都把他看成了学校里最可爱可亲的教授，因为很少有教授乐于花费时间和低年级学生交流。就这样他暂时逃避了繁重的任务，做了一件对学生有益的事，还获得了好名声。

约翰·佩里教授本来要为哲学语言方面的专栏写一篇短文，因为这项任务难度太大，他的拖延症又犯了，在写短文期间做了其他重要的事情。为此他郑重地给编辑写了一封信，声称自己把大量时间都花费在教学工作上了，实在腾不出时间写短文。其实，他所说的并不是借口，因为他确实把时间用在教学工作上了，并没有将宝贵的时间浪费掉。约翰·佩里教授虽然是一名拖延症患者，但是通过巧妙的安排，他并没有让拖延症毁掉自己的工作与生活，反而在拖延期间让自己做了更多有价值的事情。

采用结构化拖延法的最大好处在于，你可以适度减轻自己的负罪感，与深陷拖延恶习的自己达成和解，用轻松愉快的态度解决自己的心理难题。结构化拖延法是一种简单易行的方法，你只要按照优先级列好任务清单，先把看起来不那么重要，其实也有些分量的事情先办好，以此增强自己的成就感和自信心，然后再挑战难度更高的任务就可以了。比如你的任务清单里第一项是学习外语，第二项是整修房间，这两件事情你暂时都不想做，不必为此而懊恼，你可以骄傲地完成第三项任务浇花、遛狗或者整理草坪。

事实上，即使你做了一件微不足道的小事，取得了一点小小的成就，也能从中得到满足感，这种满足感将转化成你继续做事的动力，促使你完成更大的目标。所以不要轻视和忽略那些不起眼的小事。举个最简单的例子，你即将出差参加一次重要的商务会议，事前要准备好企划书和发言稿，这两项任务都是颇有难度的，可能会让你寝食难安。当你饱受压力困扰时，可能会选择拖延和逃避，遇到这种情形，你不妨试着为这次商务旅行打包，在收拾衣物和生活物品的过程中，你的心情将渐渐放松下来，你将获得些许成就感和掌控感，带着这种良好的感觉再去处理那两项重要紧急的任务，你的状态将比之前好上一倍。

为了逃避不想做的事情，人们总是能充分发挥创造精神，创造出各种各样的事情来做。结构化拖延法，正是顺应了人的这种心理趋势，让你在面对“泰山压顶”的重要事情时，心情愉悦地做了很多其他有用的事情，同时有效克服了因为拖延而产生的愧疚感和无助感。也许你会问那列在清单开头的事情该怎么处理，通常情况下，它代表的都是最紧急最重要的任务，难道这件事情可以永远不做了？当然不行。不过你不必为此太费心，根据佩里教授的说法，用不了多久就会有新的任务被填入任务清单，到时就会有你更想要拖延的事情出现，这样你就会毫不犹豫地把这件事情做了。

退无可退时就前进

假如有人愿意现在给你 50 元现金，一年之后愿意给你 100 元，你会选择现在就拿钱还是等一年？大部分人会选择马上拿走 50 元，因为有了钱就可以及时消费行乐，谁都没有耐心再等上一年。这说明人们只关注眼前的欢乐，根本不关心未来会发生什么，目标比较短视。

这是人的本性，在人类进化中曾经占据重要地位，曾经帮助我们的祖先成功解决了焦虑问题，使他们轻松怡然地活了下来。我们的祖先大部分时间只能看到手里的香蕉，从来不为明天的食物发愁，也不会思考年老体衰之后自己该怎么办，因此活得格外乐观。然而今天我们面临的环境要复杂得多，继续保持这种短视的乐观情绪，便要蒙受不少损失。

如果现在让你在伏案学习和到包房 K 歌之间做出选择，你可能会马上屈从于眼前的欲望，毫不犹豫地选择 K 歌；如果让你在新鲜水果和高热量的巧克力之间做出选择，你能拒绝巧克力的诱惑，坚持最初的减肥计划吗？现在的你做了想做而不该做的事，把该做的事一再向后拖延，这显然不是一种理性的选择，这样的选择只会让你做出愚蠢的决定，毁掉所有重要的计划。

事实证明，你过分照顾自己的情绪，就不可能做出正确的抉择。有时候，只有把自己逼到退无可退的境地，你才能发挥潜能，高效地完成目标任务。在《怪诞行为学》中，作者这样写道："每个人都有拖延的基因，最好的面对方式就是正视自己喜欢拖沓的弱点，然后通过种种手段来让自己没有拖沓的余地，从而逼迫自己做正确的事情。"

2002 年，心理学家曾做过这样一项实验，受试者是一批大学生，他们被分成 A、B、C 三个班，每人都要在 3 周时间内上交 3 篇论文。不过在规定上略有区别，A 班的学生被告知只要在截止日期前一天完成论文就可以了，B 班的学生要预先安排好每篇论文上交的具体时间，C 班的学生每个星期必须完成一篇论文。

结果，C 班的学生在规定的时间内完成了三篇高质量的论文，B 班的学生表现得明显不如 C 班学生，表现最差的是 A 班的学生，他们全都拖到最后几天才开始匆忙赶工，每篇论文写得都很糟糕。经过分析，心理学家认为 C 班学生之所以表现如此差劲，多半是因为他们可以在 3 周之内选择任意一天动工和交稿，所以大多数人拖到临近最后期限才开始写论文，由于时间过于紧迫，他们当然写不出优秀的文章了。

B班学生虽然设定了每篇论文的交稿时间，但他们在拖延症的驱使下，也会把上交的时间拖到最后一天，所以论文质量也不是很理想。C班的学生没有选择，他们必须在一周之内完成一篇论文，所以不可能拖拖拉拉，几乎每天都忙着写东西，写出的论文质量自然就技高一筹了。

这项心理学实验表明，没有选择其实就是最好的选择，有些人之所以能高效地执行目标，不是因为他们更聪明、意志力更顽强，而是因为他们只留下了执行目标一个选项，这样就杜绝了拖延症发病的可能。有时候我们太过关注自己的想法和情绪，所以才会再三纵容自己拖延。这是一种不成熟的表现，小孩子在得不到糖果之前是不愿意做任何事情的，如果我们也像小孩子那样必须让自己的各种欲望得到满足了之后，才肯开足马力前进，那么恐怕所有的目标任务都要拖到一个世纪以后执行了。

不要太过在乎自己一时的欲求，也不要太过屈从于自己的想法和情绪，有时候情绪就像投入湖心的小石子，你若对其置之不理，它至多只能泛起点点涟漪，过不了多久湖面就会重新恢复平静。你若太把它放在心上，非要把石子从湖心打捞上来，反而会搅乱一池春水，掀起更大的波澜。诚然，把自己逼到没有选择的境地，强迫自己远离各种娱乐，一心一意地执行目标，你的心里或多或少会感到不快，这是非常正常的，你不必太过介意。随着任务的一步步执行，你心头的不快感很快就会被充实感所取代，随后你将由衷地为自己取得的成果感到骄傲，这种快乐是任何眼前的娱乐都比拟不了的。

目标达不到，不妨降低期望值

刘琦读大学以后患上了拖延症，他曾经立下目标无数，而今大部分计划都烂尾了。望着多日前列好的阅读清单，他一点想读书的欲望都没有，有的书刚翻了几页就读不下去了，为了缓解自己的焦虑情绪，他把注意力转移到了贴吧和游戏上，直到新学期进入尾声后，他才开始被迫着手执行学习任务。

在校期间，他的成绩没有什么起色，修双学位或是考研怕是没有什么希望了，他觉得自己的自控能力越来越差，既浪费了时间，又浪费了才华，这样下去，恐怕连正常完成学业都成问题。刘琦不明白自己何以沦落到这种境地，在中学时代，他的成绩一直名列前茅，所以才能在激烈的竞争中挤进名牌大学，可是没想到走进了自己梦寐以求的名校，压力也接踵而至，他对自己要求越来越高，迫切地希望自己能从高手如云的优秀学子之中脱颖而出，结果期望越大，失望越大，他不但没能达成目标，反而让自己的成绩一落千丈，使自己不知不觉沦落成了差生。

在天性上，每个人都期望自己能从庸庸大众中脱颖而出，在人们的潜意识里，平凡是一件很丢脸的事。很多人期待自己能通过努力奋斗完成别人完成不了的目标，到达别人难以企及的高度，成为让芸芸众生抬头仰望的闪亮人物。渴望非同凡响，不想默默无闻、庸庸碌碌地过完一生，这种想法本是无可厚非的，可问题在于如果结果跟你预想的不一样，你是否还有勇气继续朝着原来的目标前进。

我们常听人说期望越大，失望越大，心比天高的人往往跌跤最重。有时候你要求自己做到120%的好，实际上连80%都达不到，这一点你是非常清楚的。为了避免让自己失望，你会情不自禁地选择拖延。拖延是缓解压力的一个出口，也是目标废止的前奏。你可以欺骗自己尽了全力，但内心知道其实你没有，在高标准、严要求的压力面前，你提前败下阵来，什么都没有做，就黯然离场了。

不可否认的是，拖延和过高的期望存在着某种必然的联系，你试着适度降低期望，也许拖延症状立即就能得到缓解。心理学上曾出现过这样一种现象：有个学生总想写出独树一帜的优秀论文，结果拖了好几个月迟迟不能下笔，她向心理医师求助时，心理医师告诉她不要想着写出什么前无古人后无来者的惊世之作来，那种要求是不合时宜的，不妨换一种思路，以写出最差的论文为目标作试验。那位学生照做了，不过她并没有写出奇差无比的文章，相反竟然写出了让自己满意的东西，稍加修改之后便把论文交给导师过目了，最后竟赢得了导师的夸赞。

这种现象表明降低心底的期望值，可以大为减轻心理负担。对于广大拖延者来说，它是使你轻装上阵，避免临阵逃脱最有效的途径。回想一下，你因何而拖着计划迟迟不肯进行？为什么总在被逼到火烧眉毛的时刻才肯慢腾腾地采取行动？究其原因，无非是你害怕现实和你预想的完全不一致，巨大的落差会让你无所适从。

只要事情没有结果，你的头上始终悬着一把达摩克利斯之剑，危险一直不会解除。那么，该怎样才能摆脱达摩克利斯之剑的诅咒呢？唯一的方法就是要让自己心境坦然。要知道，所谓达摩克利斯之剑只不过是你脑海中的产物，即使你不能达成预想中的目标，也没有任何力量能伤到你一根毫毛。真正伤害你的不是命运，也不是外界的力量，而是你的固有执念。用期望把自己无限架高是很不明智的，因为这样做会让你脱离脚踏实地的生活，越来越看不清自己。

不可否认的是，期望有时候对人是有积极的导向作用的，心理学上有一个叫作皮格马利翁的心理学效应，揭示的是被赋予期望的人往往表现得要比一般人要好，这就是为什么老师的期许、家人的鼓励能让我们更好地进步成长的根本原因。但期望是有双面性的，过高的期望往往会演变成沉重的负担，影响人的发挥状态。生活中，我们常看到被寄予厚望的学子在高考中名落孙山；被企业当作栋梁之材的优秀员工在关键时刻出现了重大失误；承载着国家荣誉的等级运动员在最盛大的赛场上屡屡失利。这一切都说明期望遵循的并非是一种所“期”即所得的简单规则，运用不当，它完全可以演变成一种毁人的利器。

适度地降低期望，卸下心头的包袱，反而会使你走得更远。不要总想着自己的肩头背负着怎样的责任，不要总计划着做出一鸣惊人的壮举，尽力走好脚下的每一步，做事不要拖沓，你的明天一定比你期望的更美好。

遇事犹豫不决，就掷硬币决定吧

在设定目标和执行目标的时候，不少人都说着这样的台词：“我没有考虑好，不能草率做出决定。”或者会说：“我必须深思熟虑，权衡比较一下，才能放心行动。”殊不知，就在你思前想后、忧心不已的时候，很多重要的事情都被耽搁了。

你迟迟拿不定主意，无非是觉得条件不具备，认为只有自己事无巨细，统统考虑周详，所有条件都具备，一切准备就绪的时候再采取行动，才能保证万无一失。其实，这种想法是错误的，事实上无论你将计划拖延多久，你所面临的情况都将是万事俱备只欠东风，绝对完备的条件是不存在的。

不要害怕做出错误的决定，事实上无论你怎样选择，都不能保证自己的方案是最优化的。未来就像一条变幻莫测的河流，不管你何时踏入，都会弄湿鞋子，拖得越久反而对你越不利。做出错误的决定并不一定是一件可怕的事，因为错误也是一种经验，它能促使你下次做出更好的决定。其实做了一个糟糕的决定没有什么大不了。在某些时刻采用了下下之策，总比什么都不做、坐以待毙要好得多。

面对各种不确定性时，人的本能是退缩，关键时刻举棋不定的根源便在于此。回想一下，你第一天来到一所新学校上课，心中是不是非常忐忑，总是不知道该怎样开口介绍自己，结果语无伦次，搞得自己无比尴尬；你毕业之后到一个新的工作岗位报到的时候，是不是任何一件鸡毛蒜皮的小事都要向上级请示，生怕自己不能做出正确决定，把事情搞砸。

诚然，自己做决定意味着风险，但把风险转嫁给别人，自己也就失去了应有的价值。更多的时候没有人愿意为你承担风险，你必须自己做出选择，当然你可以一再拖延，不到最后一刻不做决定，不到最后一刻不采取任何行动，可是在极短的时间内被迫做出的决定通常都是最糟糕的决定，你很有可能要面对自己极力想要避免的结果。

有一个履历光鲜的大学生迟迟没有找到如意的工作，他坦言不知道该给自己树立怎样的目标，也不清楚该朝哪个方向走，生怕一步走错、步步错。他常常慨叹："人生就像棋局，不可不谨慎对待。"朋友想要跟他一起合伙做生意，他犹豫道："下海做生意有风险啊，我需要考虑清楚才能做决定。"他考虑了整整半年，朋友失去了耐心，找到了新的合伙人，慢慢地，人家把生意做起来了。

大学生虽然有些后悔，但依旧认为自己的谨慎态度是没有问题的，人都说商场如战场，没有完全的把握，怎可轻易赶赴战场呢？他在家赋闲了数月，又有位朋友建议他到民办学校讲课，起初他对这个提议很感兴趣，后来却又犹豫了："民办学校通常不正规，到那里工作能有多大发展呢？我要是选错了路，岂不耽误了自己的大好前程？"就这样，这位大学生在犹豫中度过了两年的时光，他的一位朋友已经成为了小有名气的企业家，另一位朋友成了学校里的优秀教师，只有他还是一个茫然的待业青年，不清楚未来该何去何从。

事实证明，在该杀伐决断的时候拖拖拉拉不做决定比草率行事更加糟糕。也许你会说，你也想当机立断做决定，这样也可早日实现目标，问题在于你患有选择障碍症，总是不知道该怎样选择，如此该如何是好？遇到这种情况，你可以选择一种最简单的方法，抛硬币决定。乍听起来，这种方法似乎非常不靠谱，思虑再三都决定不了的事情怎能凭借运气来决定？请不要急于下结论，因为硬币确实能帮助你找到答案。如若不信，不妨来看一下。

取一枚一面有字一面无字的硬币，把它抛向空中之前，决定好有字代表 A 方案还是 B 方案。通常情况下，你会选有字的正面代表 A 方案，选无字的背面代表 B 方案。然后用力抛掷硬币，待它落地时用手将其盖住，不要急于看结果。而要问问自己："你希望是哪一面着地呢？"其实你心里早就有了答案，只是之前没有意识到而已。

弄清答案后，把硬币默默地放回口袋，不必查看它到底是正面着地还是背面着地了，因为你已经做出了决定，抛硬币的结果已经不那么重要了。如果你非要一探究竟，忍不住看了一眼硬币，看到结果时非常想要再掷一次，那么，一切已经很明了了。这说明你想要的是硬币的另一面，期待的是另一种结果，那就按照自己的心意来做决定吧。

影视剧中，我们常看到有些人用抛硬币的方式决定人生大事，觉得这样做显得非常玩世不恭。可事实却并非如此。硬币确实能给人以指引，不过凭借的不是运气和概率论，而是你的直觉。相信你的直觉，它将引领你做出最佳选择。

巧妙摆脱不靠谱的待办清单

在工作和生活中，你是否常遇到这样的情况：每天都会花心思制作一张非常漂亮的待办事项清单，但是这个清单从来都没有按时完成过。清单上的目标任务仿佛永远也做不完，很多事情都被拖延到第二天或第三天完成，积压的事项越来越多，你开始怀疑即使自己长出三头六臂也不能把清单上的事情全部处理完，于是你开始感到气馁，觉得填写待办事项清单纯粹是浪费时间。

事实证明，有了待办事项清单，并不能消除拖延症对你的影响。你可以享受列清单的过程，享受那种有条不紊的感觉，但清单中的事情是否能完成则是另一码事了。你也可以完全按照计划进行，逐一执行清单中的目标任务，可是忙完了一天，你会发现要做到今日事今日毕几乎是不可能的，今天的事情总会拖到明天，明天的事情总会拖到后天，为什么会这样呢？因为待办事项清单只是一种参考工具，它不可能成为“完成事项清单”，你若想要让上面列举的事情全部完成，就不能太过依赖待办事项清单，而要列一张必办事项清单，创建一个“待办→必办”工作表格，在“必办”栏目下列出五项最重要的任务内容，保证自己在规定的时限内必须完成这五件事，这样重要的事情就不会拖到隔日执行了。

查理是一家企业的高管，每天都要面对长长的待办事项清单，看着清单上一项项密集的工作内容，他几乎要抓狂了："为什么我总有那么多事情要做？"每完成一项工作，他都会划掉清单里的一项内容，可临近下班时，总是发现还有很多重要的事情没有做。

查理觉得清单上的事情似乎永远也做不完，他刚从清单上划掉三件完成的事情，没过多久又有一堆新的事情冒出来了。他费尽心力想要让一切变得有条理，可是却发现所有的努力都是徒劳的。每天他都忙着处理昨天待办的事情，似乎永远卡在了待办事项清单中，不知道何时才能解脱。

有一天，查理对另一位高管朋友诉苦，朋友对他说："我有一个不错的主意，可以解决你当下的问题。你可以试着在列完待办清单后，制作一张必办清单，写下今天必须要做的五项工作内容，然后把它做完，这样就不用担心最重要的事情被耽搁了。"查理觉得这种方法简单易行，就将它应用到了日常工作中，没想到居然真的解决了困扰自己多年的难题。

必办和待办是两个截然不同的概念，待办代表的是将来的某个时段应该完成的事情，而必办是指必须完成的事情，一字之差即有天壤之别。我们常听人在设定目标时说，我应当多多锻炼身体，我应该抽出时间多和家人相处，我应当利用业余时间学习，多考几个含金量高的证书……应当并不是必须完成的，如果你不能把"应当做"变成"必须做"，那么，就有可能把"应当做"的事情统统拖延到自己想做的时候再做，或者干脆永远都不做。

必办清单里的内容最好不要超过五项，因为清单里必办的事项太多，通常会超出人的正常承受能力，让你觉得被压得喘不过气来，如此一来，不但不利于改善你的拖延情况，还有可能给你造成更大的情绪波动，加重你的拖延症状。所以，必办的事项一定要少而精。如果你不知道哪些事项应该列入必办清单，可以采用四象限法分析，把任务分成既紧急又重要的、重要但不紧急、紧急但不重要、既不紧急又不重要四种，按照不同的情况采取不同的对待方式。

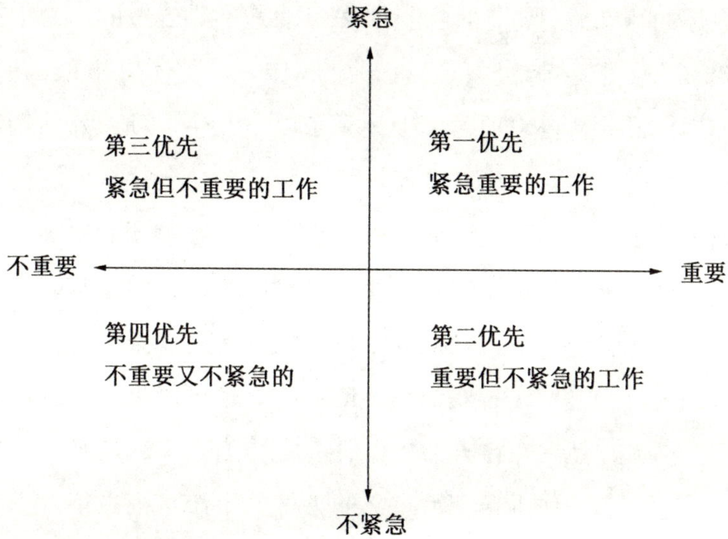

既紧急又重要的事情是你必须马上做的，毫无疑问，它一定会被纳入必做清单里。需要注意的是这一清单里的内容不要过多，否则你会时刻感到时间紧迫，影响正常水平的发挥，可能在手忙脚乱之际把事情搞砸。紧急但不重要的工作可以委托别人代劳，不一定非要自己亲自上阵处理，它不必被纳入必要清单。譬如你发现家里的下水道堵了，可以雇佣专业的修理工来修理，不必耗费时间自己亲手疏通下水道；你觉得有很多客户需要联系，很多电话要打，可以把这件事交给助理。

重要但不紧急的工作，可以将其中的一部分列入当日的必做清单里，按照实际需要合理安排这些工作内容。不必把它全部塞入当日的必做清单里，以免增加自己的负荷。重要但不紧急的事项是必做清单中的组成部分，需要注意的是所占的比例要适当，你可以将其分散到几天或者几个星期内完成。既不紧急也不重要的工作不必纳入必做清单，你可以选择放弃这些事情，或者请别人代劳完成，抑或是列入待办清单里，允许其滚动到下一天，找到合适的时间再去完成。

在你的待办清单中，其实有很多事情是不必去做的，为了提高办事效率，更好地节约时间，你最好制作一个“不办事项”清单。比如你周六日的待办事项清单中列举了以下几个事项：开信箱、看报纸、看电视、做饭、用餐、大扫除、玩游戏、进行户外活动、打电话……其中大扫除和玩游戏就可以被列入不办事项清单中，你没有必要一连两天大扫除，周六做完大扫除以后，家中基本已经比较清洁了，大扫除这件事可以挪到下周再做。玩游戏是不必要的，把宝贵的休闲时间浪费在游戏上是不值得的，你可以考虑将这项内容加入不办清单，然后在待办清单中补充上更有意义的内容。这种方法也可以运用到工作中，把没有必要去做的事统统列入不办事项清单，以便更好地节约宝贵的时间。

拖延症复发了，要学会善后

在生活中，最令人恼火的事情莫过于无处不在的反弹现象了：好不容易瘦了下来，体重忽然反弹了，以前为节食做出的种种努力全都付诸东流；眼看着楼市的价格下跌了，没过多久价格又弹回去了，辛辛苦苦储蓄多年，想要在某个城市安家落户的梦想一夜之间灰飞烟灭；恼人的拖延症好不容易治好了，终于可以有条不紊地工作、学习和生活了，无论做什么事效率都比以前高上好几倍，可惜好景不长，暗暗庆幸没多久又被打回原形，于是又得苦着脸琢磨着接下来该如何战拖。

作为拖延一族，碰到反弹现象其实是正常的，毕竟根治拖延症并不是那么容易的事。要知道，任何一种“症”在看似痊愈之后都有复发的可能。战拖是一场持久战，想要一战之后就能结束全部战斗几乎是不可能的。胜利只是暂时的。拖延症复发了，不要太过沮丧，而要着眼当下，寻找更好的战胜拖延良方。

杨辰是一个严重的拖延症患者，为了战胜拖延，他看了不少心理学书籍，还请心理医生开了个性化药方，和拖延症苦战了半年以后，他终于走出了拖延的泥潭，过上了正常生活。可惜好景不长，由于工作量加大，又恰巧赶上和女朋友分手，他的情绪出现了很大波动，拖延症又犯了。

坐在电脑前，他常常无法开展工作，时而摆动手机，时而打网游，该做的工作一拖再拖。每到临近下班时，他都感到几乎要崩溃。为了缓解紧张情绪，他总是任性地告诉自己：大不了被上司和领导骂，大不了不要这份工作了，大不了回家做待业青年。有时他也会严肃地告诫自己不能再这么拖下去了，必须振作起来，重新开始。在自我对抗的过程中，他的拖延症出现了反复，时而状态好一些，时而状态变得更糟。他渐渐地对自己失去了信心，拖延的症状越来越严重了。

如果在为某个目标而努力的过程中，你也遇到跟杨辰类似的情况，被复发的拖延症牵绊住了，千万不要颓丧，毕竟在和拖延症打交道的过程中，你曾经取得过阶段性的胜利，这是一种好的现象，说明你是有能力控制自己的拖延行为的。在战胜拖延的过程中，你要努力控制可控制的部分，尽量让目标变得可控，即便事态的发展超出了你的预想，变得不可控，你也不要过分沮丧，而要想想如何善后，让自己回到更好的状态。

拖延症会复发很有可能是因为你没有跨过真正的拐点。这就好比你努力地学习一门技能，只学到了一点皮毛，尚未入门，情况出现波动是很正常的。比如你刚学会骑单车，还没有真正掌握平衡技巧，偶尔从车上摔下来属于正常现象。假如你还没有真正掌握战胜拖延的科学方法，情况只是略有好转，那么，拖延症就极有可能反复发作。遇到这种情况不要慌张，要想方设法让自己跨过真正的拐点，让自己的状态稳定下来。

在战胜拖延的漫长道路上，即使你跨过真正的拐点，也有可能出现波动，所以不要奢望一朝战胜拖延成功就此高枕无忧、一劳永逸了。要想对拖延症斩草除根，绝非易事。假如拖延症反复出现，切勿心浮气躁，也不要破罐子破摔、轻易放弃，要心情气和地反复练习而战胜拖延的方法，要知道，淡定的态度比什么都重要。

不要把状态的回落想象得过于严重，更不要过分责怪自己，因为负面情绪越多，你就越容易逃避，这样很可能加剧拖延症状。学会坦然地面对战胜拖延过程中的反复，要乐观地告诉自己：系统崩溃了没什么大不了，重启就可以了。负面情绪像河水一样泛滥了不要紧，等到退潮，一切都会复归云淡风轻。时时保持乐观心态，战胜拖延症便指日可待了。

拖延症虽然属于一种心理疾病，但是战胜这种疾病最直接、最有效的方式是找到合适的战胜拖延方法，而不是找心理医生进行长期的精神分析。事实上，每个人或多或少都存在心理问题，谁都有过不开心的过往，谁都有不愿意面对的事情，这并不是什么严重的事，要知道，所有在地球上行走过的生物都有过受伤的经历。与其把时间都耗费在童年阴影或是创伤事件的分析上，不如采用行为认知疗法，快速地纠正自己的心理偏差。

心理学上曾经有过这样一个经典的案例，一名电梯恐惧症患者为了解决心理问题，进行了长达 20 年的精神分析，耗费了大量的时间回顾童年往事，结果仍然害怕乘坐电梯，她为了求见另外一名心理医生被迫搭电梯时，仅花了 20 分钟时间就把困扰自己多年的电梯恐惧症治好了。

拖延症不需要进行长期的心理治疗，一般情况下，只需要通过行为认知疗法进行一定的心理干预就可以了，在拖延症反复发作的阶段，你最好学会使用系统工具配合治疗。通常情况下你只需要运用两个工具就能很好地控制住自己的拖延症状了，一个是任务清单，一个是日志式笔记。在矫正心理偏差的过程中，运用这两个工具让自己形成良好的做事习惯，你还是很有希望摆脱拖延症的。

第七章

改变思维，打造一流执行力

人们常说："思路决定出路。"思维方式决定一个人看待问题的角度以及采取的方法和方案，并间接决定了收获的不同。思维的差异，在一定程度上造就了执行力的差异。优秀的思维，造就了一流的执行力。能高效达成目标者，大多都是赢在思维上。为什么你在落实任务、执行目标和解决困难时，总是不能得心应手呢？其实这不是能力问题，而是思维问题，你的想法被传统的僵化思维限制住了，所以你总是不能另辟蹊径，找到制胜的方法。

想要扭转僵局，唯一的途径就是改变思维。改变思维，提升执行力，就能从根本上改变结果。改变思维，首先要了解思维运转的模式以及最基本的心理学知识，然后需要经过长期的训练，重新塑造思维，将思维打造成一种理性的工具，唯有如此，你才能在遭遇"山重水复"的困境后迎来"柳暗花明"，在峰回路转的时候找到破解困局的答案。

不要用战术上的勤奋，掩盖战略上的懒惰

著名企业家雷军有句十分经典的名言："不要用战术上的勤奋，掩盖战略上的懒惰。"其中战略指的是大目标，而战术指的是具体的实施过程。在军事领域，最高级别的统帅往往是杰出的战略家，比如三国时期的蜀国军师诸葛亮，未出隆中就能预言三足鼎立的格局。任何一个精于战术而疏于战略的人，都成为不了军事家，至多只能成为一个冲锋陷阵的武夫。在生活中也是如此，如果在设立大目标时，你缺乏理性的思考，日后付出再多的努力都没有意义。这就好比你一直忙着爬梯子，却把梯子架在了错误的位置上，那么，爬得再高又有什么用呢？

为什么你努力了很多年都没有过上自己想要的生活？为什么你每天忙忙碌碌却总是劳而无功？为什么你苦苦追求最后却发现现有的一切全都不是自己想要的？问题不在战术上，而是出在战略上，是你的思维模式和思考方式限制了你达成目标，使最终的结果与你内心真实的意愿背道而驰。

比如你制定了一个学习外语的目标，规定自己必须每天背会多少个单词，想要达成这个目标并不难，只要坚持下去，任何人都能做到。但是在设定这个目标之前，你必须明白自己为什么必须掌握好一门外语，是为了过四、六级，还是为了毕业后从事翻译工作，抑或是为出国做准备？如果你不知道学会的东西能应用到哪个方面，那么，掌握再多词汇量又有什么用呢？

再比如你在苦练攀岩技巧，每天都要花很多时间攀爬假山或假墙，假如你找不到必须做这件事的意义，早晚有一天就会废弃这项

计划。你需要给自己一个确切的答案，现在日日练习扮演，是为了将来征服某个高峰，还是想要日后从事探险活动抑或是为了磨砺自己的意志力？倘若你用模棱两可的态度对自己说，可能仅仅是为了锻炼身体吧，那么，这件事情就没有必要继续坚持下去了，因为锻炼身体有多种方式，苦练攀爬技巧并非是必选内容。

许多年轻人在战术上是非常勤奋的，每天忙得像停不下来的陀螺一样，似乎总有目标需要达成，可等到筋疲力尽地走到终点时才发现，这种结果并不是自己所期望的。可见如果在制定战略时失误，那么在战术上做得再努力也没有用。战术上的努力弥补不了战略上的失败。

陆柯给自己制定了一个疯狂的学习计划，强迫自己在晚自习结束后，每晚要在路灯下坚持自学两个小时，以此来磨砺自己的意志。他学习非常刻苦，为了抓紧时间，学校的所有活动他都不参加，周六日也不休息。同学们都叫他书呆子，他也毫不介意，依旧沉浸在书本中，仿佛时间空间已经不复存在。

转眼就到大四了，有一次同学问他："你这么用功学习是为了什么？"他直截了当地说："当然是为了考试能考个好成绩。""有了好成绩又有什么用呢？"同学又问。"为了能顺利保研呀。"陆柯说。"考上研究生又有什么用呢？"同学接着问。"研究生在学历上有优势，毕业后起点要比本科生高一点，比较容易找到好工作。"陆柯说。"原来你这么拼命学习是为了将来能找份好工作呀。"同学总结道。陆柯点了点头。

"可是好工作不是一份成绩单就能换来的，用人单位除了要求你专业知识扎实以外，还要求你具有一定的社会实践经验，你什么活动都不参加，又不去实习，完全不懂得如何跟人打交道，以后怎么能找到好工作呢？"同学分析道。陆柯低下了头，一时不知该如何回答。

比不努力更可怕的是，你一直在努力，却不知道自己为什么而努力，这种努力毫无价值，根本就不可能改变你的人生。在努力之前，不妨认真思考一下，你将要付出的努力和目标存在因果关系吗？你现阶段制定的目标究竟是为什么而服务的，是为了事业、生活、健康、幸福还是其他？在看清道路之前，千万不要急着奔跑。

生活中充满了各种具有隐蔽欺骗性质的假象，整天忙忙碌碌的人，事实上根本就不是最勤勉、最上进的人，相反，这个群体中的大部分人都是懒得在战略上下功夫的人。他们不但懒于做计划，懒于改变现有的生活状态，而且懒于思考自己为什么总是这么忙。

人们常用“思想上的巨人，行动上的矮子”来讽刺空想家，事实上做“行动上的巨人，思想上的矮子”同样可悲。在当今时代，人与人最大的区别是脖子以上的部分，头脑中拥有正向理念，才能拥有属于自己的精彩人生，过上快乐充实的生活。不愿花时间思考，做事再勤奋也没有用，因为头脑可以指挥行动，而行动却不能支配头脑，缺乏理性思考，任何行为都是盲目的，即便是在某个阶段达成了某个小目标，也无法让你的生活发生质的改变。在某些时候达成阶段目标并不意味着胜利，它很有可能已经背离了你的需求和愿望，由一块丰碑变成了你前进道路上的绊脚石。

忽略过程中的不美好

有一个年轻人乘车到远方旅行，上车以后，他马上打开了一张写满小字的交通地图，逐个数着沿途要经过的小站，数完之后，发现小站竟有60多个。这趟旅程要经过这么多小站，每到达一个小站列车都要停一次，这样下去，何时才能到达终点呢？年轻人焦急万分，再也不能心平气和地坐下去了。火车刚开没多久，他就凑向车窗往外看，想要弄清楚列车到站了没有，或者干脆一遍遍问列车员：“到××小站了吗？车都开这么长时间了，怎么还没进站？”

他高声问话的声音一次次打破了车厢里原有的宁静，搞得旅客不胜其烦。有的旅客非常疲倦，靠在座位上刚刚小睡了一会儿就被他的大嗓门吵醒了。偎依相坐的情侣正在欣赏窗外的风景，听到有人吵吵嚷嚷，顿时觉得大煞风景；有些老年人正在闭目养神，听到附近有人高声叫喊，还以为出了什么事情，慌忙睁开了眼睛。大家都觉得这个年轻人很讨厌，纷纷向列车员提意见，要求把他转移到别的车厢去。有人生气地抗议道：“他总这么大声嚷嚷，真是让人烦透了，一路上没完没了的，还让不让人休息了？”

列车员是个头发花白的老人，在认真听取了车厢乘客的抱怨后，他把那个年轻人叫到了跟前，客气地邀请对方到自己的工作间里聊聊。工作间非常狭窄，仅能容纳两人，年轻人进去后忍不住叫了起来：“你每天就窝在这么小的空间里啊？”列车员微笑着说：“是呀，我在这儿待了30年了。”“30年？”年轻人觉得非常不可思议。列车员又说：“我守在这条铁路沿线上，已经整整30年了。”

年轻人忙问：“沿途有这么多小站，你坐在列车上，不着急吗？”列车员说：“有什么可急的，我从来不去理会那些数不清的小站，只想着始发站和终点站。这就像一个人从出生到长大成人，要经历漫长的过程，只要记得自己的目的地就可以了，过程中的琐碎难过完全可以忽略不计。”

关于过程和终点，你是怎么看待的呢？有的人或许会说终点不过是一个节点，我们应该充分享受过程，认真体会其中的苦辣酸甜，问题在于如果苦涩多于甜蜜，辛酸多于欢笑，其间充斥着无聊的琐粹和沉重的忧伤，你又该如何选择呢？你也许又会说每一种经历都是一种宝贵的体验，苦难本身就是一种无形的财富，只要到达了终点，回望过去走过的路，所有的苦痛都会变成甜美的回忆，你不但不会控诉命运，还会发自内心地感激上苍，感谢命运给了你磨砺自己的机会，使你成功增加了自己生命的厚度。

事实上，这种境界是很难达到的，只有少数坚忍不拔的人才会用这种方式解读发生在自己身上的一切，更多的人在执行目标的过程中都会因为承受不了其中的寂寞、无聊、琐粹、艰辛和坎坷，最终选择放弃和退出。

不是每一个过程都会令人身心愉悦的，也并非每一个过程都值得你用心品味和体验。倘若你抱着一种理想主义的想法朝着某个目标奋进，那么，用不了多久就会被现实所伤。很多时候，你很难表现得像自己预想得那般淡定，你极有可能像故事中的那位旅客那样焦急，那么，遇到这种情况该怎么办呢？

答案就是转换思维，把注意力全部集中到最后的目标上，尝试着忽略过程。这就好比你要炒一盘洋葱，切洋葱的过程是非常不舒服的，你也许会边切边流泪，因为洋葱这种食材的确具有很强的刺激性，在这种情况下，你要强迫自己享受切洋葱的过程是非常不现实的，但你完全可以通过改变想法的方式改变自己的主观感受，顺利完成切洋葱的过程，使自己最后能够品尝到一盘香喷喷的炒洋葱。

强迫自己享受不愉快的过程，会在无形中放大痛苦，这样做是不明智的，而且不利于目标的实现。如果你想要成为走到最后的那个人，就必须学会卸下而不是增加自己的心理负担。在某些情况下，关注过程不如关注目标，尤其是在过程令你备感煎熬，而目标又令你振奋不已的时刻。譬如爬万里长城，如果你只低头关注脚下的方砖，会觉得每走一步都格外辛苦，坚持不到一小时你可能已经失去耐性了；倘若你抬起头来，把目光投放到宏伟的长城上，领略一番它蜿蜒在崇山峻岭中的雄姿，欣赏一下这令人叹为观止的壮观景象，并试着忽略自己脚步沉重、双腿发麻的事实，那么，你最终所走的路一定比自己想象中的要远得多。

事实证明，违背自己的真实感受，刻意美化并不美好的过程，逼迫自己去享受去体验，不但无助于目标的达成，反而会起到适得其反的作用。在执行目标前，不要把自己想象成超人、圣人或伟人，而要把自己看成有弱点有缺陷的凡夫俗子，让目标为自己导航，试着忽略过程中所有的不快与不适，如此才能顺利抵达最终的目的地。

把借口统统丢进垃圾桶

安东尼·罗宾曾经说过：“很多人达不成目标就找借口和理由。”的确，完不成目标的人最擅长的就是用各种冠冕堂皇的借口掩饰自己的失败，不想执行目标的人则喜欢用各种各样的理由搪塞敷衍，长期坐守城池、按兵不动。有些人认为达不成目标是因为没有想法，思维方式受到了限制。事实却恰恰相反，有的时候，人们不能执行目标不是因为没有想法，而是因为想法太多、创意太多，所以才能编造出无穷无尽、五花八门的借口回绝该执行的目标。

经常上班迟到的人，总是抱怨天气不好、交通堵塞、路况不佳，却忽略了这样一个基本事实，即他面对的问题同样是别人所面对的；想要创业的人，常说自己没经验没资金没有人脉关系、网络的支持，于是犹豫再三，迟迟不肯行动，却没有想到很多优秀的企业家都是在条件不成熟的情况下创立家业的；身体素质不佳，好不容易制定了健身计划的人，总是以工作太忙为由放弃锻炼，却没有意识到即便是公务缠身的国家元首也能抽出打球的时间……可见，绝大多数借口都是站不住脚的，它们统统都该被丢进垃圾桶，与其浪费时间编造借口，不如多花些时间好好想想该怎样把目标落到实处。

赵蓟和高扬都是中层管理者，两人在交流工作经验时，赵蓟问："我有一个下属，总不能如期完成任务，事后总能找出一大堆理由和借口为自己辩护，把一切归咎到意外事件上。我仔细核查过了，有时候确实出现了突发情况，并不能完全责怪他，但是他这种不断找借口的做法让我感觉很不舒服，难道是我太苛刻了吗？"

高扬说："问题不在你身上。突发情况确实是存在的，不过这只是小概率事件。他不可能每做一件事情都遭遇意外，没完没了地找借口确实是态度上的问题。关键在于他弄不清目标是什么，或者是完全没把目标放在心上。举个最简单的例子，假如一个人辛苦工作了一天赚到了 100 元，钱不小心掉进水洼里了，他会不会俯身去捡？答案是肯定会的。如果钱掉进水洼后，又被人踩了好几脚，他还会毫不犹豫地弯腰去捡吗？当然还会。他的目标很清晰，知道自己想要什么，也很把这个目标放在心上，所以不会轻易放弃。如若不是这样，他完全可以以钞票已经被水打湿了或是被人踩脏了为由，拒绝弯腰去捡。"

赵蓟明白了："你是说我的那个下属主管根本就不想执行目标？"高扬说："我还是以捡钱为例，假如一个人想做这件事情，无论钱是掉进水洼了，还是被人踩脏了，或者是被风吹走了，他都能想方设法把它找回来；他若是无动于衷，站在原地找一堆借口，那么，真相只有一个，那就是他根本不在乎那张百元大钞。"

你是否认真思考过，为什么设定的目标大多无法实现？是因为阻碍太多，还是因为自己借口太多？以下是失败者常用的六个借口，不妨自我检查一下，你都用过哪几个？

借口一：时机未到，条件不成熟。

很多人坚持认为只有找到合适的时机，条件完全具备的情况下，才能放手做事。可是却忽略了这样一个事实，千载难逢的好时机是可遇而不可求的，机遇不是等来的，想要坐等时机成熟，恐怕等到满头华发也等不到。事实上你等待越久，目标越难实现，只有时刻准备着，才能抓住有利契机，顺利达成目标。

借口二：我现在还太年轻，过几年再亲身实践也不迟。

年轻是最大的资本，但不应成为最大的借口。人都说光阴如梭、韶华易逝，趁着自己年富力强、风华正茂，你更应该努力实现自己的人生目标。再过几年，你的想法、心态、心境都将发生改变，现在想做的事情不做，以后也不会再做了，这很有可能成为你一生的遗憾。

借口三：我尚未完全准备好。

试问一下，你是否给自己设定了准备期限？如果没有，你的准备时间可能就是无限期的。如此一来，目标永远都不可能达成了。不要等到自己完全准备好了再去做，因为你的准备阶段可能漫长得没有边际，等到你真正准备好了，实现目标的条件可能已经不复存在了。

借口四：工作太忙了，实在抽不出时间完成生活目标。

你也许曾经想过要多陪陪父母，陪伴孩子度过成长时光，或者多花一些时间跟妻子（丈夫）交流，可最后什么都没有做，每天都在忙工作。这真的是因为业务太繁忙的原因吗？其实不是。是你不懂得平衡工作和生活的关系，或者是你在刻意逃避和家人相处，要知道，整天忙得焦头烂额的社会精英，大多都能维系正常的家庭生活，如果你做不到，问题不在于工作，问题出在你自己身上。

借口五：现实太残酷。

现实世界确实很残酷，可是无论它有多残酷，总有人能突破重重阻力和障碍，实现自己的目标。不可否认的是，确实有许多人起点低、条件差、身边缺乏资源，无论想做成什么事情，都必须付出千百倍的努力。这是一个不争的事实，但不是你逃避的借口，假如别人能从残酷的现实世界里找到属于自己的出路，为什么你就不能呢？

借口六：没有足够的资金。

不是所有的目标都需要付出高昂的成本的。譬如旅行，你可以不坐头等舱，不住星级酒店，不吃豪华大餐，把旅费都花在观光上，不以炫耀和奢侈享受为目的，那就不用存太多的钱，也能实现目标。你可能会说创业是需要启动资金的，没有资金什么也做不成。其实，你可以通过贷款、合资等多种途径筹措资金，未必要等到筹集完大量本金以后才能付诸行动。许多商业巨子、企业精英不是都是白手起家吗？他们何曾为自己寻找过借口？

以上几种借口你常挂在嘴边吗？如果你确实经常这么做，那么，从今天开始试着不要再找借口了，每一个借口背后都潜藏着一个错误的想法，你必须加以纠正，才能保证自己在正确的轨道上前行。

做不到只是没有全力以赴

美国作家海明威曾经说过："一个人只要竭尽全力去做一件事，不论结果如何，他都是成功者。相反，一个人如果没有竭尽全力，即使得了第一，又能问心无愧吗？"可是在现实生活中，很多人为了维护自己的自尊心，根本不在乎是否有愧于心，只想保留一点实力，这样失利的时候，就可以自欺欺人地说："我的能力并没有发挥出来，我没有尽到全力，那项记录并不能代表我的最高水平。"存有这种想法的人，执行任何目标时，效果都是打折扣的，结果可想而知，他不可能做好任何一件事情。

你也许只有十足把握的时候才肯放手一搏，其余的时间都在有意识地放水，抱着这样的态度做事，是不可能高质量地完成任何目标的。想要改变这种状态，你必须改变原来的错误观念，放下你的骄傲，放下你的自尊，不去事先预言输赢，一切以无愧于心为前提，全力以赴地做好眼前的事。

要知道，即使是被誉为草原之王的狮子，也不是在万无一失时才肯捕猎的。在人们的固有印象中，狮子是傲慢的化身，似乎任何时候都是威风凛凛、霸气十足的，然而事实却并非如此，狮子也有忍饥挨饿的时候，有时会因过度饥饿变得虚弱不堪，看到羚羊出现在视线之内，它会毫不犹豫地发动进攻，尽管它知道自己有可能追不上飞速奔跑的羚羊，它还是会拼尽全力追捕猎物。

假如羚羊是那么容易被猎取的话，那么，任何食肉动物都能天天吃上美味，随时都能享受达成目标的喜悦了。可在现实生活中，一切都没有那么容易，即使你付出了百分之百的努力，也未必能得偿所愿地达成目标，若是刻意地保存了一点实力，那么，失手的概率和风险就又增添了一分。

有时候你不是做不到，而是不肯全力以赴，那么，人为什么不愿意倾尽全力呢？无非是因为没有勇气正视自己，没有勇气正视失败，如果侥幸得胜，可以摆出一种举重若轻的姿态，如果不幸失败了，还可以安慰自己说这次没有尽到最大的努力，下次一定会做得更好，结果下次又不肯倾尽全力，又一次失败了。可见全力以赴未必会成功，但是不肯投入全部的力量，成功的概率更是微乎其微。

韩斐无论做什么事都要替自己保留一分力量，所以达不成目标时心里也不是特别难过。学生时代，每次参加跳高比赛，他都只肯用九分力，学习只肯付出八分努力，因此在学业和体育运动方面均表现平平。参加工作以后，他还是老样子，无论做什么项目，都只肯贡献有限的力量，这样即使结果不能尽如人意，他也不会太失落，因为他总觉得自己原本有能力可以把事情做得更好，现在他只发挥了九成水平，能取得这样的成绩已经很不错了。

有一天，朋友给他讲了两个故事，彻底改变了他的观念，第一个故事讲述的是：有一个猎人带着猎狗到深山打猎，看到一只兔子从树林里蹿了出来。猎人举枪便射，打中了兔子的后腿。兔子拖着伤腿夺路狂奔，猎狗在后面穷追不舍。过了一会儿，猎狗气喘吁吁地跑回来了。猎人见他没逮到猎物，非常不满，气急败坏地斥责道："没用的东西！连一只受了伤的兔子都追不上。"猎狗满腹委屈地说："主人，我已经尽力了。"兔子拖着伤腿跑回了家，同伴们都很惊奇，忍不住问它："猎狗那么凶猛，跑得又快，你受了伤，是怎么甩掉它的？"兔子说："它追我只不过是尽力而为而已，追不上最多被骂一顿；我要是不全力奔跑，就没命了呀。"

第二个故事讲述的是：一辆公共汽车沿着下坡路急速地前进

着，后面有一个人拼命地追赶。车厢中的乘客并不晓得发生了什么事，其中一名乘客把头探出了车窗，好心提醒追车的人："算啦，不要追了，你是追不上的。"那人继续喘着粗气奔跑着："我必须追上它，因为我是这辆车的司机。"

韩斐默默地听完了故事，没有发表评论。朋友又接着说："第一个故事是说尽力而为的人永远赶不上全力以赴的人。人的智商、禀赋、各方面的条件都差不多，别人付出百分百的努力，你只肯付出八九成努力，凭什么就能比别人做得好？第二个故事是说在某些情况下，你必须付出全部力量，否则后果十分严重。就像那名追车的司机，假如他追不上汽车，乘客的安全就会受到威胁。"韩斐信服地点了点头，从此，他改变了做事的态度，无论做什么都是全力以赴，生活有了很大改观。

很多人在执行目标时总是抱着试试看的想法，就仿佛来到一个全然陌生的环境探路一样，随时都准备调转方向，所以不曾全速前进，遇到阻碍，便不假思索地退出，如此一来，无论探寻过多少条道路，都不可能找到出路。真正能达成目标的人，一定会在开辟道路的过程中全力以赴，所以他们总能坚持走完全程，成功地到达终点。

积极思考≠美梦成真

有一个老妇人，她膝下有两个儿子，大儿子做染布生意，小儿子卖伞。她几乎每天都为儿子们发愁。下雨天，她唠叨着没有太阳，不能晒布了，担心大儿子生意受影响；大晴天，她又为小儿子操心，担心天不下雨，没人买伞。就这样无论晴天雨天，老妇人都是愁容满面，没有过过一天开心的日子。由于忧心过度，她的身体一天不如一天，搞得自己骨瘦如柴、形容枯槁，还得了一身的病。

有一天，一位哲学家开导她说："你何不换一种思维看待问题呢？天若下雨，你就为小儿子高兴，因为这样他就能卖出更多的伞了；如果天气晴好，你就为大儿子高兴，因为他可以好好晒布了，染坊的生意一定会越做越好。"哲学家的一番话使老妇人茅塞顿开，以后无论晴天还是雨天，她都乐呵呵的，不再为儿子们发愁了，身体慢慢恢复了健康。

这则故事告诉我们，积极的思维方式就如同阳光雨露，能温暖和滋润人的心灵，而消极的思维方式则如同挥之不去的黑暗和阴霾，给人带来的是无尽的恐慌和绝望。转换一下思维方式，让自己变得积极起来，生活就会洒满阳光。积极的思维能帮助人们克服万难，顺利地实现目标，由此可见保持乐观情绪确实对人有益。可是无论积极思维还是消极思维都属于感性思维，如果远远超出了理性的范畴，性质就会发生根本性的转变。

当你抱着不切实际的幻想时，如果思想超乎寻常地积极，就有可能在目标落空时受到沉重打击。比如你刚刚完成减肥目标，就乐观地想自己瘦下来以后，一切都会朝着好的方向发展，以后再也不会有人嘲笑你体态臃肿了，你会结交很多新朋友，变成人见人爱的万人迷，也许在未来的某一天会接到广告，赚取天价广告费，或者成为某时装品牌的专用模特，变成时尚界大红大紫的明星。可事实上，顺利完成瘦身计划以后，你的生活只是有了微小的改变，你所期待的其他事情都没有发生。倘若你接受不了这样的现实，就会陷入自怨自艾的困境。

长期以来，人们都错误地把积极的思维和美梦成真联系起来，认为只要思维足够积极，任何目标都能达成，所有不可能的事情都会成为可能，奇迹总会以出其不意的方式降临。可事实上，积极的思想并不能直接给你带来好运，也不能马上改变什么，因为客观世界并不以人的主观意志为转移。这就好比你驱车远行时，绝不会对自己说："我没有必要系安全带，只要思想足够积极，心态足够乐观，无论遇到什么情况，都能顺利抵达目的地。"

一个门门功课亮红灯的学生心想："这次考试我准能得第一。"一个面临公司破产的老板心想："我只要往好的方面想，公司下个月就能扭亏为盈，也许过不了多久还能变成上市企业。"这些想法都不可能转化为现实，他们所期待的目标也不可能达成。心理学研究显示，过分积极地思考，会减少目标实现的可能性。对未来期待过高，结果往往差强人意。既然如此，是否就意味着积极思考都是毫无益处的呢？当然不是。适度的积极思考，确实可以调动人的情绪，使其潜能得到最大限度的开发，做出超出自己能力范畴的事。

任何一种思考方式，无论被打上了积极的烙印还是消极的烙印，都不能脱离理性的范畴。精神力量是巨大的，但不是万能的，在很多时候，我们需要清醒地看到自己的局限性，如此才能脚踏实地地实现目标。在某些时刻，我们需要找到可能和不可能之间的边界。譬如想要摆脱地球引力的束缚是不可能的，这是一个客观事实，我们需要尊重事实，而不是急于颠覆已有的认知，致力于创造某些不可能的奇迹。

自信心膨胀、想入非非和健康的积极思考完全不是一回事，人需要对自身的能力有一个合理的估计，不要总想着"我一定能成为最好的。别人做不到的事情唯有我能做到。"而要静下心来想一想，现阶段该怎么努力把每一件事情做好，如何步步为营地实现一个个大大小小的目标。任何时候都不要目空一切，都不要藐视客观世界的法则和规则，既要充分认识到目前面临的挑战，又要在执行目标前事先预想好可能会遇到哪些问题，这样才能有效避免对现实情况的疏忽，从而有力地促进目标的实现。

运用魔力方格，理清你的思绪

没有想法，没有目标的人总是因为找不到方向而发愁，想法太多、目标太多的人其实也很惆怅，因为他们的思绪往往非常混乱，思维就像乱麻一样纠结在一起，完全处于一种剪不断理还乱的状态。现实生活中这样的人并不少见，有些人只要安静地坐下来，各种新奇的想法便会层出不穷地冒出来，无数的目标、无数的创意瞬间排山倒海地涌现出来，令其在兴奋之余感到无所适从。

欲求太多，未必是一件好事，因为你可能弄不清自己到底要追求哪个目标。比如你既想有一份稳定的好工作，拥有一个完满幸福的家庭，又想到处流浪冒险，做一个随时都可以背起行囊出发的行者，这些目标是不可能同时实现的，因为它们彼此之间存在着矛盾和冲突。如果你已经拥有了安稳的工作，建立了和谐美满的家庭，就不可能有机会随心所欲地满世界流浪了。在目标千头万绪、彼此冲突混乱的情况下，你必须厘清思路，否则什么也做不成。

九宫格思考法是一种特别有效的思考方式，这些魔力方格能帮助你走出混沌的状态，使你的思路更加清晰，目标更加明确和突出。九宫格是一张矩阵型的图表，你可以用它来整理信息和加工信息，在填写信息的过程中，充分运用发散性思维，尽可能地发挥自己的联想力和创造力，将脑海中的混乱想法全部记录下来，然后通过科学的分析方式，理清思路和头绪。

九宫格思考法的操作方式非常简单，其具体步骤如下：

1. 将主题填入正中心的位置。

2. 将与主题相关的联想信息填入其余方格内。

3. 扩充方格中的内容。

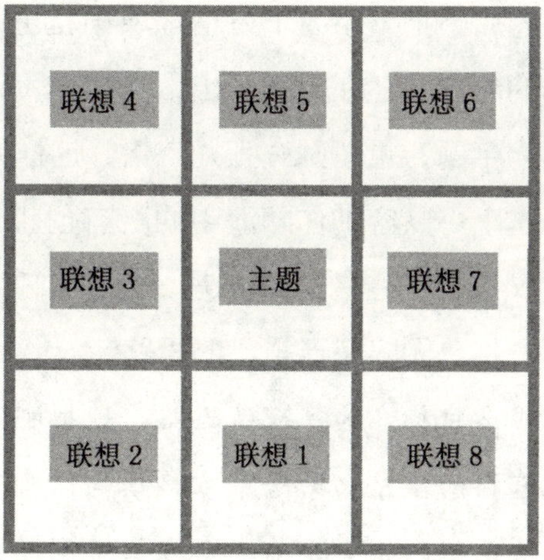

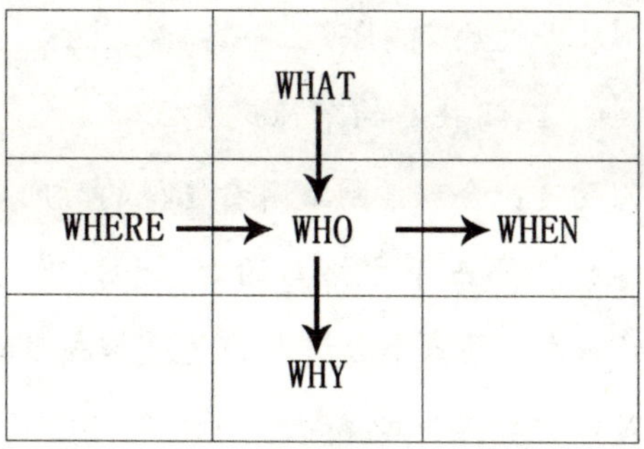

以人生规划为例，我们可以这样解析 5W：

WHO：对你而言，目前谁才是最重要的？

WHAT：你现在正在做什么？想做的事情是什么？应该做的事情是什么？必须要做的事情又是什么？

WHY：你真正想要达成的目标是什么？为什么？

WHERE：你要到哪里实现自己的目标？换个地方行不行？计划到底该在什么地方执行？

WHEN：何时实现目标？

使用九宫格思考法通常有两种方式，一种是四面八方扩张型，一种是围绕型。前者是一种没有特定限制的思考模式，较为灵活自由，有助于收集和捕捉你的想法。操作方法比较简单，你只要在中间位置填写完主题后，把其余 8 个方格都填满就可以了。假如填写完信息以后，你的新想法还在不断涌出，那么你可以以 8 个方格中的任意一个内容为主题，重新画一张九宫格，这样你可以派生出 64 个小方格了，基本上可以容纳你脑海中的所有创想了。你也可以按照自己喜欢的方式把所有方格全部填满，然后以任意一个方格为主题，制作新的九方格，无限拓展自己的思路。

曹俪设立了很多目标，为了理清思路，她把刚刚想好的九个目标分别填入了九宫格的空格，第一个方格填写的内容是：在毕业之前，争取获得一次面试的机会。第二个方格填写的内容是：在校期间至少要阅读 50 本专业书籍。第三个方格写的是：到内蒙古草原旅游一次，欣赏一下辽阔壮美的草原风光。

第四个方格写的是：合理控制上网看电视的时间，不要再让网络、电视掌控自己的生活。第五个方格写的是：和同学建立良好的关系，结交三五个亲密的挚友。第六个方格写的是：养成早睡早起的好习惯。第七个方格写的是：要努力健身减肥，练成令自己满意的好身材。第八个方格写的是在毕业之前，谈一场风花雪月的恋爱，找一个高大帅气的男友。第九个方格写的是：完成一篇优秀的论文。

曹俪最想事先的是第二、第四、第七个方格里填写的目标，不过她没有特别标注这些内容，而且也没有做好具体的时间规划，所以思路还是很混乱，过了很久，她依旧搞不清楚该如何有条不紊地实现这么多目标。

四面八方扩张型思考方式比较适合应用到创意工作上，因为它能充分激发人的想象力，有助于采集瞬间形成的灵感。这种方法适合用于分析目标，但不适合用来理清思路，在目标繁多、意识混乱的情况下，你必须掌控另一种思考方式即围绕型思考模式，可以单独采用这种方式梳理目标，也可以将它与四面八方扩张型思考方式联合起来运用。

围绕型思考模式是按照顺时针的顺序进行思考的，适合用于流程性的安排，也适合运用在人生规划方面，它可以让你明晰在人生的不同阶段应该实现什么样的目标，使你能够妥善安排好实现多项人生目标的次序和步骤。

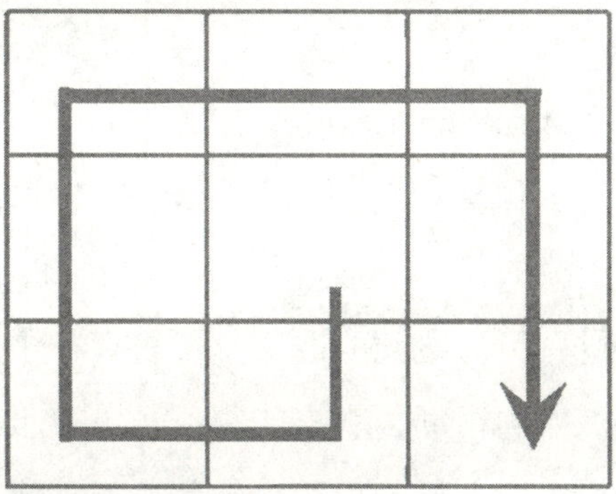

以下是青年李桐的人生规划，该规划很好地说明了围绕型思考模式的运用方法。

四处旅行，提升审美	成为顶级设计师	存款
出国深造	李桐（who）	在北京买一栋 100 平米左右的房子
进入大中型企业从事设计工作	实习，开阔眼界，积累经验	结婚

理清思路以后，可以以八个方格中的任意一项内容为主题，绘制新的九宫格，用以阐明如何实现某个具体的目标，例如以旅游为

主题，制作的新的九宫格格局如下。

	旅行内容：观光、摄影、记录见闻、收集一切与时尚概念有关的物品	
游历地区：欧洲、亚洲	四处旅行，提升审美观念	时间：三年之内
重点了解：设计元素、人文情怀、风土人情	旅行目的：培养国际视野，增长见闻	所需费用极其他成本

李桐的人生目标已经很清晰了，他不但弄清了实现目标的先后次序，而且对每一个目标都有了具体的规划。目标逐一实现以后，他既拥有了一份安稳的工作，建立了一个幸福的家庭，又实现了四处游历的梦想，所有目标之间的冲突都不复存在了。

如果没有九宫格的帮助，李桐的思维可能会混沌不堪，他既想得到理想的工作，成为业界的顶级设计师，又想满世界搜集创意元素，到处游历观光，还想拥有一套房子和一个稳定的家庭。在思路混乱的情况下，他极有可能在已经拥有了固定工作和家室的情况下，频繁到世界各地旅行，这样既影响家庭的稳定，又影响自身的前途，人生将陷入一片混乱。可见，九宫格思考法对于规划人生是大有帮助的。

反其道而思之

在各种思维方式中，最受推崇的恐怕当属逆向思维了，早在遥远的古代，我们的祖先就提出了“塞翁失马，焉知非福”的哲学理念，告诫我们要从祸患中看到好的一面。到了现代社会，许多人相信“有得必有失，有失必有得”的人生观，看到别人春风得意，既不嫉妒也不懊丧，坚信得意之人在风光无限的背后，定然潜藏着很多不为人知的辛酸，得到越多，有可能失去越多。

当然，逆向思维的作用不只局限于调节心态方面，在执行目标的过程中，它因为具有独辟蹊径的特点，往往能以出奇制胜的方式给我们带来很多意外的惊喜。学会从时间上逆向思考，你便能轻松规划好实施目标的每一个步骤。比如在为某个目标做执行计划时，你可以以最终目标为起点，将时间节点一步步推进，以倒推的方式确定每一个执行步骤，然后在合适的时间范围内逐步落实计划。

学会从方法上逆向思考，大多数棘手的难题都将迎刃而解。逆向思维最大的妙处是它能打破你的固有思维，帮助你突破思想上的局限，使你能顺利摆脱经验带来的束缚和障碍，从一个全新的角度看待问题，用一种别出心裁的方法达成目的。在多数情况下，你不可能轻而易举地达成心愿、实现目标，前进的道路上总会遇到各种阻力和障碍，采用传统的解决方法是很难及时解决问题的，因为过去的经验根本不足以应对新情况，要想克服眼前的困难，你必须跳出过去的旧思维，采用新方法、新思路解决问题。

有两个大人带着一个5岁的小孩子到城里到处找房子，他们人生地不熟，找了整整一天，也没找到合意的房子。临近傍晚时，才看到一则出租公寓的广告。他们按照上面的地址一路找去，好不容易找到了那栋公寓。公寓周围配套齐全，生活设施格外完备，附近超市、商场一应俱全，最重要的是房间朝向很好，采光极佳，面积也很大，里面布置得十分温馨，非常适合一家人居住。

两个大人看完房后觉得很满意，当即决定把这栋房子租下来。就在他们打算跟房东商谈房价时，房东非常遗憾告诉他们："真的很对不起，公寓不招有孩子的住户，你们还是到其他地方看看吧。"丈夫和妻子听了这样的回答，面面相觑，不知如何是好，只好失望地走开了。那个五岁的孩子把事情的经过全部看在了眼里，他忽然灵光一闪，想出了一个沟通的好方法，于是又敲开了房东的大门。他的父母在远处张望着，并不明白孩子究竟想做什么。房门打开了，房东走了出来，孩子眨着天真的大眼睛稚声稚气地说："爷爷，我想要租房子，我没有孩子，我只带了两个大人。"房东听了之后，被孩子这个新奇的想法逗乐了，他立即喜欢上了这个聪明可爱的孩子，高高兴兴地把房子租给了这家人。

逆向思维也叫求异思维，它是一种"反其道而思之"的创新思考模式。一般而言，大多数成年人都会朝着某个固定的思维方向分析问题和思考问题，只有极少数人能打破惯例，想出与众不同的好点子。这是因为生活经验、社会环境、文化背景在不同程度上塑造了我们，培养了我们的同质化思维，弱化了我们原有的创造性思维。所以面对同样的目标、同样的困难，我们通常只能想到一种不适宜的解决方案，能力受到了极大的限制。

有时候，不谙世事的孩童，偶然说出的灵光稚语，往往能给我们带来很大的启发。这说明孩子的创造性思维是强于成年人的。小时候，我们眼中的世界是色彩斑斓的，而现在我们只能看到刻板无趣的色调；曾几何时，我们相信同一道数学题存在两种以上的解决方式，而今我们只懂得生搬硬套，遇到问题时，只能想到最古老的解决方式；曾几何时，我们相信沿着不同的线路都能爬上山巅，而现在我们只肯沿着别人的足迹一步一步地翻山越岭。

我们不得不承认，有时候达不成目标，是因为我们的思维已经僵化了，所以进展到某个阶段，总是停滞不前，找不到突破口。那么，我们该如何打破旧思维，培养逆向思维呢？

首先，我们必须要认清任何一种思路和方法都不是万能钥匙，经验可以帮助我们解决部分问题，但有时也可能成为绊脚石，在现有的经验无法解决当下问题的情况下，我们就应该果断摒弃经验，重新寻找新方法。最好忘掉全部的经验，以一个新人的态度重新探索或者像一个孩童那样用好奇的眼光打量世界，这样才能有新的思路出现。

其次，我们要学会沿着相反的方向考虑问题，任何事物都有对立面，存在物质A，就必定存在对应的物质-A，-A就是A的反物质。很多事物在某些条件下是可以相互转化的，具有可逆性，故而我们的思路也应该是可逆的，所以，我们必须摆脱单向的思维模式。很久很久以前，人们坚信时光是条单行线，永远不可逆转，直到爱因斯坦提出了相对论，人们才开始探讨时光倒流的可能性。可见，从相反的方向考虑问题是可行的，只有想别人所未想，你才能找到更好的思路和更好的方法。

复杂的表象背后，往往潜藏着简单的真理

核物理学家费米在芝加哥给大学生上课时，忽然提出了这样一个问题：“你们知道芝加哥市境内究竟有多少钢琴调音师吗？”这是一个很难回答的问题，学生们都把问题想象得十分复杂，它们把统

计学、人文因素、教育环境以及人们对钢琴的喜爱程度等各个方面的因素统统考虑了一遍，最后也没能找出答案，只好一脸茫然地看着费米。

这种情况似乎是费米预料之中的，接着他不无得意地公布了答案："如果芝加哥现在的人口规模是300万，每个家庭平均有4口人，三分之一的家庭拥有一架钢琴，那么整座城市拥有的钢琴数量就是25万架。假如每架钢琴平均5年需要调一次音，一年要调5万次，一个调音师每天能调4架钢琴，他一年的工作日累积起来共有250天，那么，一年就能调1000架钢琴，于是你便可以推算，芝加哥共有50位调音师。"

费米只运用了一种简单的方法——数字统计，就把看似无解的难题轻松化解了。可见，有时候，最简单的方法就是最优方法，把问题看得过于复杂化，反而会扰乱思路，阻碍思维的正常运行。在执行目标时，你也许会碰到很多复杂的情况，一时之间束手无策，不知道该从何处入手。最糟糕的是你会不知不觉地把复杂的问题想象得更加复杂化，使得自己的思绪更加混乱，这样，不但不利于问题的解决，反而会浪费掉更多的时间。

冷战时期，全球流传过这样一则趣闻：相传美苏太空竞赛进入白热化阶段，两国宇航员都在为书写的问题犯愁，因为钢笔无法在无重力的状态下写字。美国为了解决这一技术难题，花费了数年时间，投入了数百万美元，终于研制出了一款无须重力拉引墨水就能流利书写的太空笔。苏联人呢，则采用了一种非常简单实用的方法，直接用铅笔书写。美国官员知道以后，忍不住自嘲道："我们耗费了好几百万美元研发能在失重环境下正常书写的太空笔，知道苏联人是怎么做的吗？他们使用了铅笔？"

显然，美国人把简单的问题复杂化了。在日常生活中，我们也会犯同样的错误，总是自以为掌握了丰富的知识，无论遇到什么问题，都会往深奥处想，结果闹出了不少笑话。正所谓“大道至简”，有时候最简单的思路反而是最直接最有效的途径。我们都知道两点之间直线最短，在道路笔直的情况下，我们是没有必要曲线前进的。

要想提高执行力，首先要做到不能人为地给自己设置障碍，自作聪明地把简单的事情往复杂处想；其次要懂得舍弃一切复杂的表象，抽丝剥茧直指事物的本质，把复杂的问题简单化。有时候你觉得问题太复杂，多半是没有看清事物的本质，找不到事物与事物之间存在的普遍联系，所以只能看到表层的复杂性，没有办法触到事物的核心地带。这就好比面对同样一池碧水，你看到的是色彩繁杂的倒影和光怪陆离的影像，而别人看到的是光和光的反射。又如在商品经济社会，你只能看到某些商品的价格随着市场行情起起落落，而别人看到的却是价值规律。面对复杂的问题，你必须具有一定的判断力和洞察力，才能透过现象看清本质，使思路由繁至简，以此找到最简便最实用的方法。

很多人认为复杂的问题只能用复杂的方法解决，必须要经过精密的计算、严密的思考、反复推敲比较后，才能得出最合理的结论。然而事实并非如此。假如你遇到这样一种情况：热气球里面坐着三位世界顶级的科学家，一个是环保领域的领军人物，他能造福人类，为保护地球环境做出巨大贡献；一个是农业专家，他能把荒凉的沙漠变成绿洲和桑田；一个是核专家，他能防止地球发生核大战。现在热气球出现了严重的故障，必须放弃其中一人才能让另外两人安全地活下来，你会怎么选择？

这的确是一个复杂的问题，环保、粮食、和平都很重要，舍弃任何一个科学家，对人类社会来说都是一个无可估量的损失。你也许比较来比较去也找不到答案。没有了粮食，人类会因饥饿而死；发生核大战，人类将走向毁灭；环境遭到严重破坏，污染得不到遏制，人类也会慢慢走向终结。在成年人左右为难的时候，一个小孩子给出了一个最直接的答案——放弃那个最重的人。它是最简单的，但却最贴近真理，而且是最合理的。

在某些情况下，最简单的就是最合理的，复杂的表象背后往往潜藏着简单的真理，只有懂得化繁为简，而不是面面俱到地考虑问题，才能抓住问题的核心，找到最优化的解决方案。

何妨让思维转个弯

一个衣着光鲜的犹太人来到纽约一家银行的贷款部，气定神闲地坐了下来。贷款部经理一面打量着来者的名牌皮鞋和手表，一面客气地问："先生，你有什么事吗？""我想借笔钱。"犹太人回答道。"你想借多少？"贷款部经理问道。"一美元。"犹太人说。"你确定只要一美元？"贷款部经理简直不敢相信自己的耳朵。"是的，我只借一美元。可以吗？"犹太人十分肯定地说。

银行没有规定借款的最低限额，所以贷款部经理只好说："当然可以，只要你有担保，多借点也无妨。"犹太人说："好吧，用这些东西可以担保吗？"说着，他从高档皮包里取出了一堆股票和国债："它们总共价值50万美元，应该够了吧？""当然，当然。"贷款部经理连声回应道，不过他仍感到疑惑，于是试探性地问道："你真的只想借一美元吗？"

犹太人接过一美元，非常肯定地说："是的，我只需要一美元。"贷款部经理只好说："借款年息是6%，只要一年后你能归还本金，并支付6%的利息，银行就会把你抵押的股票、债券交还给你。”犹太人说了声谢谢，准备起身离开。

旁边的银行分行长简直被搞糊涂了，一个能轻松拿出50万美元资产作为担保的人，为什么偏要向银行借一美元。这非常不合情理。趁犹太人没有走远，他赶忙追上去问：“我实在不明白，你有50万美元，为什么只想借一美元？假如你想借30万或40万美元的话，我们是很乐意为你办理业务的。”

犹太人说：“我来这之前已经问过几家银行了，他们保险箱的租金都比较贵。所以我才想把股票、债券存放在贵行。这里的租金恐怕是全美最便宜的了，一年只需花费6美分。”

在人们的固有观念中，价值不菲的贵重物品应该存放在保险箱里，按照这样的思路，犹太人应该花大价钱寄存他的股票和债券。可是他没有这样做，而是换了一种角度思考问题，他把股票当成了借款的抵押物，仅花费了6美分的费用就成功达成了目的。从可靠性和保险性来看，把股票、债券锁进银行的保险箱，跟把它们抵押给银行，让银行保管，并没有什么不同，两种做法唯一的差别就是收费不一样。

通常情况下，人们都是为了争取到贷款而抵押资产，很少有人能想到通过借款来达到让银行保管资产的目的。犹太人没有拘泥于常理，没有按照一种思路思考问题，而是让思维灵活地转了个弯，结果更好地解决了问题。在执行目标的道路上，你可能经常会遇到前路不通的情况，眼前山重水复、困难重重，那时你会怎样做呢？是拼尽全力开山架桥吗？如果是那样的话，恐怕耗尽全部力气，也不能解决问题。其实，有时候，你只需要让思维转过弯绕过障碍就可以了。

思维是有弹性和韧性的，如果你能灵活运用它，就能四两拨千斤，只需付出微小的代价便能如愿达成目的。这就是人类的智慧之处。与动物相比，人的感官和肢体并没有特别优越的地方。人的眼睛不如苍鹰锐利，奔跑的速度比不上虎豹，听觉不如草原狼。人之所以能统治地球，被奉为万物的灵长，凭借的就是强大的思维力量。人和动物的本质区别在于，人能以智慧的方式去思考，而动物不能。

法国思想家帕斯卡说："人不过是一株芦苇，是自然界中最脆弱的东西；可是，人是会思考的。要想压倒人，世界万物并不需要武装起来；一缕气，一滴水，都能致人于死地。但是，即便是世界万物将人压倒了，人还是比世界万物要高出一筹……"人类会思考是一件非常奇妙的事情，可惜我们没能好好利用自己的这一能力，所以很多本来能够达成的目标最终没达成。

如果你在为某个目标付出了巨大的努力之后，仍然没有取得任何成果，你就应该好好想一想是不是自己的思路出了什么问题；如果你在解决问题时，用尽了各种方法，依旧收效甚微，就该考虑一下是不是该变换思路了。无论做什么事情，都不能一味地蛮干，而要学会零活变通。

人们常说，阳光普照大地，依然有阴影的存在，但是让阳光转个弯，就可以让它照射到以前无法直达的角落。也许你会说，光是沿直线传播的，不可能扭曲，也不可能转弯。但根据爱因斯坦的相对论，在强引力的作用下，周围的空间会发生扭曲，光在扭曲空间中传播，是会发生扭曲现象的。也就是说，让光线转弯的条件是强引力。同样，让思维转弯也是有条件的，那就是你要拥有一个灵活的大脑。

如果一个人的头脑僵化不堪，只会沿着一条路径思考问题，遇到问题不懂得灵活处理，那么，思维就是一条僵硬的直线，不可能巧妙地转弯。想要高效执行目标，我们必须善于应变，绝不能依据以不变应万变的法则处理问题，而要让自己的思维保持灵活度和可塑性，只有这样，才能找出解决难题的最佳途径。

第八章

利用现有资源，打造美好未来

年轻人大多都有这样的困惑，觉得自己没有优质的资源，想要实现大目标，缺少雄厚的基础，无论做什么都觉得希望渺茫。事实上，有价值的资源就在你身边，你只是没有发掘它、不会充分利用它而已。无论是何种资源，都不会自己自动现身，而是需要你用一双慧眼去认识它们和发现它们。在远古时期，人类不知道该怎样取火，只能被动地忍受寒冷，后来学会了钻木取火，木柴就成为了一种资源，现在煤炭、石油、天然气都成为了取暖的资源，它们本来全部埋藏在地下，如果不被发现，未经开采，永远也不能成为资源。

其实，我们身边潜藏着很多可供利用的资源，它们有的是有形的，有的是无形的，比如互联网和各种现代化的工具，皆属于有用资源，人际关系网络更是一种无可估量的资源，我们的知识、健康、阅历也是一种资源，学会利用这些资源，就好比获得了一笔无形的资产，我们可以充分利用它们为美好的未来添砖加瓦。即使这些资源不足以帮助我们直接达成目标也不要紧，我们可以巧借东风，通过合作共赢的方式整合社会资源，以假物、借力的方式实现自己的人生目标。

学会利用信息平台

很多年轻人抱怨自己一无所有，把达不成目标的原因归咎于缺少可控资源。不可否认的是，社会资源就像自然资源一样，确实存在着分配不均的问题。初出茅庐的青年可利用的资源的确少得可怜，不过这是否意味着年轻人手头上真的没有资源可以利用？当然不是，缺乏资源并不等于没有资源，要知道贫瘠的沙漠中也有绿洲，即使现有资源十分有限，假如能将其充分利用好，一样可以让它发挥巨大效用。

一个两手空空的年轻人，最可动用的外界资源，恐怕当属信息资源了。我们正处在一个科学技术日新月异、知识信息大爆炸的时代，各种媒介、各种信息工具为不同地域、不同种族、不同文化背景的人搭建起了一个交流互动平台，使得人们可以打破空间、时间的限制，得以在互相学习的过程中共同成长和进步。

有时候你之所以跟现代社会脱节，甚至有些落伍了，不是因为思想理念跟不上，而是因为不会利用信息资源，不懂得如何和外界交流，没有及时吸收先进的想法、观点以及好创意、好点子。想要让自己与时俱进，你首先要做到的就是学会如何充分利用信息资源，从海量的信息中找到最有价值的东西。

其实，完成任何一个目标，都离不开信息的辅助。比如你想出国留学，必须掌握国外学校的相关情况以及录取要求；想外出旅游，必须弄清出行路线以及有关餐馆、旅店的信息，最重要的是事先要知道观光景点的独特之处，对它的历史、风情有一个初步了解；想要尝试创业，必须认清市场行情，充分了解当前的经济形势、行业法规以及市场规模等信息；想提高自己的专业水平，提升自身的核心竞争力，不能让自己成为一座孤岛，而要想法设法加强与外界的联系，及时从外界获取最新的行业信息，以保证自我进化的速度超过信息淘汰的速度，如此才能立于不败之地。可见，学会利用信息资源是一件多么重要的事。

小美是一个名校毕业的高才生，研究生学历，供职于一家中小型企业，职位是产品经理。有一天老板让她为公司的网络商城增加“购物车”功能，并催促她在下班前完成这项任务。她以前从来没有设计过“购物车”，根本就不知道如何下手，老板偏偏又催她当天做好，她感到很为难。

由于小美实在没有思路，只要在 QQ 群里求助，她建了 10 个跟工作相关的群，平时经常和群里的朋友探讨业务，这次遇到这么大的难题，如果找不到人帮忙，她恐怕就不能完成任务了。有个网友说设计“购物车”对他来说简直就是小菜一碟，劝她不要着急。于是一步一步地教她操作，她终于按时完成了工作任务。

老板看到新设计的“购物车”，觉得非常奇怪：“我下达任务时，看到你锁着眉头，一副犯难的样子，怎么这么快就把东西设计出来了？”小美没有直接回答，而是以试探的口吻问道：“你对我设计的东西满意吗？”老板笑笑说：“满意，你干得不错，超出我的预期，我还以为这件事你做不好呢。”

既然信息资源，对于我们实现目标大有帮助，那么，我们该如何获取这些资源呢？第一个途径就是网络。互联网是一个看不见的神奇网络，它把世界各地分散的信息以一种最优化的方式集合起来了，将信息流通的时间和成本降到了最低。互联网出现以前，由于信息传播的速度太慢，人与外界不能进行实时沟通，获取的信息普遍滞后，出现了信息与事实严重不对称的问题，而今天，我们只要打开电脑，利用好搜索引擎，就能找到最新出炉的消息，无论是行业内的热点新闻，还是有关最近推出的新产品、新技术的相关资讯，全都尽收眼底，掌握行业动态，对我们来说都不再是一件难事。

可惜很多年轻人不懂得利用网络资源，平时上网不是浏览八卦新闻，就是在疯狂地打游戏，白白浪费了这么好的信息平台。除了要利用好搜索引擎外，你还可以利用QQ群、论坛、贴吧等平台，与更多的网友实现交流互动，从更多的人那里了解到更丰富的有价值信息。

广播、电视、报纸、杂志等媒介也能给你提供大量信息。如果你想自主创业，可以从广播电视中了解相关资讯，也可以订阅报刊杂志，如果你想让自己穿得更有品位更优雅一些，可以阅读一下与服装相关的杂志。总之，学会充分利用媒体信息，你就能更好地达成目标。

从书店、图书馆获取信息，更方便快捷，且不花费任何成本。你只需要找到相关图书，就能阅览到有关专业知识、行业法规、前景预测等方面的重要资料。当然，只掌握书面上的信息是不够的，如果你想找到价值量和含金量更高的资讯，可以考虑到各类商会和行业协会等团体、机构中获取信息，还可以考虑多参加一些各类展览会、交易会等活动，以此来增加信息来源的渠道，让自己掌握更多的即时资讯。

生活半径不要局限于一座城

在森林里，高低错落生长的植物，非常懂得利用空间资源，但是因为没有活动的自由，它们可利用的空间是十分有限的。人和动物可以随心所欲地到达自己想要到达的地方，活动空间无比广阔，可惜却很少意识到空间也是一种资源。

空间之所以能被视为一种资源，是因为它和你的阅历、眼界紧密相连，所以在评价一个人的时候，先哲会说："不要告诉我他有多少才能，只要告诉我他到过哪些地方。"令人遗憾的是，在当今时代，很多人成为了手机控和网虫，都市中诞生了大批大批的宅男宅女，到了 30 多岁还没走出过所在城市的人大有人在。

也许你也曾设立过这样的目标，想要存一笔旅费，到外面看看，了解一下地球另一个角落的人是怎样的生存状态，欣赏一下陆地的另一端或是大洋彼岸独特的壮丽风光，可是最终总是基于各种各样的原因没能成行；也许你不曾有过拓展视野和空间的想法，觉得偏安一隅已经很满足了，不介意做一只仰望天空的井底之蛙；也许你认为美丽的远方只属于诗人和热衷于流浪的文人骚客，作为一个平凡的普通人，你只在乎眼前的面包，关心的只是人间的烟火和房价的高低……

那么，我们有没有必要奔向远方呢？远方和我们的人生目标有多大关联呢？假如我们几十年如一日地固守在原地，现有的空间资源真的不够用吗？这些问题是因人而异的。客观来说，多些见闻、多些体验对你终归是有好处的。如果人的活动空间过于狭小，目光难免会短浅，心态难免会故步自封，这对于你日后的发展肯定是不利的。

在人类进化时期，我们的祖先从树上来到了地面，活动范围加大了，不但获得了更多的食物，而且在探索的过程中学到了更多的本领，找到了更加安全的栖息地。哥伦布由于热衷于冒险探索，发现了美洲新大陆；达尔文四处旅行，边游历边考察，写出了轰动世界的《物种起源》；马可·波罗不远万里来到中国，写出了宏篇巨著《马可·波罗行纪》。

也许你会说自己无心再有什么重大发现或者拟写什么鸿篇巨著，为何要风尘仆仆奔向远方呢？答案很简单，为了开拓视野。如果你想跟上世界潮流，想要在某个领域中做到出类拔萃，就必须拥有更广阔的事业和更开阔的平台，很多东西是你在安守一隅时学不到的。

举个最简单的例子，如果你是一名厨师，想要学会大江南北所有的菜系，就必须让自己的足迹遍布大江南北，否则做出的地方菜就不可能味道正宗；如果你是一名平面设计师、室内设计师，或服装设计师，想要让自己的作品更符合大众审美，就不能让设计元素局限于某个地域，到国内外多走走，对于你未来的发展终归是有好处的；如果你只是一个普普通通的职员，多一些见识、多一些经历，对于你升华内在、改善生活品质也是有好处的。总之奔向远方，不是为了生活在别处，而是为了让自己变得更优秀更美好。

在世人眼里，女作家三毛是一个不折不扣的奇女子，她就像一朵诡异芬芳的奇葩，美丽、脱俗、独树一帜，身上具有浪漫的流浪者气质和浓郁的波西米亚色彩，她成了自由的象征、放逐红尘的理想化身，她是一个不可忽视的文化符号。人们被她笔下的异国情调、种种奇遇所打动了，尤其爱上了她特立独行的个人风格，因此她的作品才得以畅销几十年不衰，成为永不褪色的经典。

三毛的影响力固然与她的个人才华有关，但归根结底还是因为她自身独特的经历。三毛一生去过 50 多个国家，足迹遍布世界各个角落，大量清新动人、脍炙人口的好作品都是在旅途中完成的。19 岁那年，她便开始只身闯荡欧美，边留学边旅行，不仅收获了爱情，还扩大了眼界，增长了知识，为日后的创作积累了大量的素材。

从 25 岁开始，学有所成的三毛开始背着背包周游世界，14 年里，她浪迹天涯、漂泊异国，长年过着一种动荡不安但却无比洒脱自由的生活。她的性情在旅行的过程中发生了很大的改变，以前的她敏感忧郁，就像一只脆弱的蝴蝶，多年的流浪生涯塑造了她坚毅果敢的品格，也使她的性格从阴郁转为阳光，这些变化都淋漓尽致地体现在她诙谐幽默生动的文字里，所以她的作品总是那么温暖、干净、令人喜悦。

古人说："读万卷书，不如行万里路。"书籍只能带给我们知识，而行路却能让我们更广泛更深入地了解社会。行路可以拉长我们的生活半径，延展我们的心灵空间，使我们在旅行的过程中，不知不觉便增强了对事物对世界的感知力和理解力。随着视野的开阔、阅历的增加，我们的心灵将变得日益丰盈，生活也将悄然发生变化，这就是空间资源带给我们的最大益处。

善于假物，才能走得更远

有一个小男孩在松软的沙滩上玩耍，他的玩具多种多样，有好几辆漂亮的小汽车、逼真的敞篷货车，还有一只塑料桶和一把塑料小铲子。他在沙堆上修建公路和隧道时，发现了一块大石头，他必须把这块石头搬走，才能让自己的玩具车在修筑的公路上奔跑。可是他年龄太小了，力气也太小了，费了九牛二虎之力，也不能搬动岩石。

小男孩不甘心，几乎用尽了所有方法，一会儿用手推，一会儿手脚并用，一会儿用肩挤，一次又一次地向那块巨大的石头发起进攻，可是他所有的努力都无济于事，岩石依然矗立在他修好的公路地段上。小男孩急得满头大汗，使出了平生力气推岩石，结果岩石滚落到沙坑里，砸伤了他的手指。小男孩看了看可恶的石头，又看了看受伤的手指，忍不住哭了起来。

他的父亲透过窗户把刚才发生的一切都看在了眼里，看到孩子哭泣，他忍不住走出家门，来到了小家伙面前。父亲温和地问道："儿子，你刚才为什么不用上所有的力量呢?"小男孩抽抽搭搭地说："爸爸，我用尽了全部力气了，已经用上所有的力量了。"父亲说："不，你没有，你没有请求我帮助呀。"说完，父亲抱起那块大石头，将它移到了另一个位置，小男孩修筑的路马上就能通车了。

故事中的小男孩以为自己已经倾尽了全部力量，动用了一切可动用的资源，其实他没有，因为他没有想到借助外部的力量，事实上，在某些时候，只有学会充分利用外部资源，才能真正达成目标。利用外部资源在古时被称作"假物"，即借物、借力的意思。荀子在《劝学篇》中这样描述假物的作用："假舆马者，非利足也，而致千里，假舟楫者，非能水也，而绝江河。"意思是人走得不快，却可以乘坐马车达到千里之外，人不会游泳，可以借助船只横渡江河。确实如此，人的力量本来是十分弱小的，是因为善于利用外物，才做到了超出自身能力范畴的事情。

有些目标是人力所不及的，想要达成目标，就必须善于假物。人的弹跳能力有限，运动员若不借助长竿一跃而上，怎能达到目标的高度？人没有飞翔能力，如果不搭乘飞机，怎能在短短几个小时内飞到地球的另一端？在科技如此发达的时代，如果我们不善于假物，如何能过上舒适便利的生活？假物可以帮助我们完成凭一己之力完成不了的目标。

多数能得偿所愿达成目标的人，都是善于假物的高手。马云在互联网兴起的时代，利用网络平台，搭建起了一个覆盖全国的销售渠道，使用户只需轻点鼠标，在足不出户的情况下就能享受到便捷的购物服务。奥巴马竞选总统时，经验和资历远远不如对手麦凯恩，但是他借助民众对自己的信任，成功获得了大选的胜利。

在追逐目标的过程中，我们无外乎要考虑两方面的因素：一是自身具备的条件，二是客观条件。当仅仅凭借自身条件无法实现目标时，我们就要把眼光投向外界，考虑一下外部是否具有可供利用的资源。也就是说必要时，我们要以开放的眼光看待问题，学会假于外物，积极寻找和利用优质的外部资源，帮助自己达成目标。

外部力量包括物的因素和人的因素，物是指各种可利用的工具，工具可以帮助我们克服自身的局限性，快速完成某个任务。比如我们要计算一组复杂的数据，人工计算可能要花费好几个小时或者好几天，但使用计算器或电子计算机，短短几分钟就能得出结果。人的因素比物的因素要难把握，很多人认为只有结交了具有影响力的高端人士，才能借助他人的臂膀走上新的高度，所以致力于想方设法讨好所谓的精英人士。殊不知，精英人士大都有自己的社交圈子，自古名士就有“谈笑有鸿儒，往来无白丁”的择友标准，普通人想要挤进名流圈子并不容易，一味地谄媚、巴结、迎合，只会让人瞧不起。

其实，想要结识新朋友，根本没有必要把目光锁定在精英人群上，你可以把远光放得长远一些，尽可能地扩大自己的社交范围，也许从广泛的人群中不经意间就能发掘出潜力股和绩优股。要知道，每个人身上都是有潜质的，现在默默无闻的人不代表未来也会默默无闻，回溯到若干年以前，当今社会很多领域的领军人物都曾是初出茅庐的愣头青，从这个角度看，如今的愣头青在未来的某一天也有可能做出惊人之举。

当然，与任何人交往，都不要只想着怎样利用别人，或是怎样把别人的资源变成自己的资源，而要乐于主动和别人分享资源，做人不能太过自私，你只有真诚地帮助别人达成目标，才能在自己有需要的时候，获得同样的帮助。也就是说想要成就自己，必须先成全别人。

健康是1，其他一切都是0

有个妇人一天外出归来，发现有三个须发花白的老者坐在自家门口。她并不认识来者，觉得他们可能是路过歇脚的，于是便热情地打招呼说："我想你们或许是饿了，不如进来吃点东西吧。"三位老者问："请问男主人在家吗?"妇人回答说："他出去了。"老者一听，说什么都不肯进去，坚持要等到男主人回来。

到了傍晚，男主人从外面回来了，看到门口的三位老者，觉得很纳闷。妇人向他讲述了事情的原委。男主人说："快请他们进屋吧。"妇人于是便邀请三位老者进去，可他们却说三人不能同时进去。一位老者指着另外两个同伴解释道："这位叫成功，那位叫财富，我叫健康，你们想让我们当中的哪一个进去?"

妇人回到屋里和丈夫商量，丈夫说："不如我们就让财富进来吧，有了财富，我们就能过上好日子了。"妇人说："还是让成功进来吧，有了成功，以后什么都会有的。"女儿的看法和他们很不一致，她着急地说："我们把健康请进来不好吗？如果我们一家人身体健健康康，不就是可以幸福地生活在一起，快乐地享受人生了吗？"

夫妻俩听从了女儿的意见，决定把健康请进屋，没想到健康光顾他们家门时，财富和成功也跟着进来了。妇人诧异地问道："你们怎么也进来了？"两位老者说："我们两个离不开他，无论他走到哪里，我们都会陪伴左右。如果你没请他进来，我们两个任何一个单独进来，过不了多久就会失去活力和生命的。"

洪昭光教授曾经说过："聪明人投资健康，注重健康，这好比人生增值 120%；明白人关注健康，储蓄健康，人生可以保值 90%；普通人貌似健康，实则随心所欲，人生贬值 70%；糊涂人透支健康，提前死亡，生命价值缩减为 50%。"健康是一个人最大的本钱和最重要的资产，如果以数字比喻的话，健康是 1，事业、名利、财富、家庭等各要素都是 0，其余条件都是健康的外延，没有健康 1，后面有再多的 0 也没有意义。

身体机能没有出现问题以前，我们意识不到健康的重要性，更不会把健康当成最宝贵的资源，为了名利、财富、地位，日夜奋战在第一线，不断蚕食和透支着自己的健康。等到疾病缠身、辗转床榻时，才猛然意识到自己究竟失去了什么。我们常常为了达成某些高远的目标而牺牲健康，却没有意识到只有拥有健康的身体，我们才能精力充沛地工作、学习和生活，快快乐乐地做好每一件手头的事，步步为营地实现自己的人生目标。

一个身体孱弱的人，整日被病痛困扰，既不能正常思考，也不能精神抖擞地执行任何任务，随时都有倒下去的风险，试问，这样的人又怎么能实现自己的人生价值呢？拖着病体继续奋斗的人，往往会被奉为劳模，但是这样的劳模无论是状态还是效率都要远远逊色于正常人，只有敬业精神又有什么用呢？人是不能靠精神意念存活的，我们之所以能思考能创造，凭借的不仅仅是意念，还有活跃的脑细胞，而脑细胞的正常运作，有赖于健康的肉体，假如我们的躯体出了毛病，我们的思想、意念、创想就无处依存了。

很多人认为年轻时不能太顾惜自己，累出病来修养一段时间身体便可恢复，绝不能因为吝惜自己而耽误了奋斗，时光不等人，现在不拼了命向前冲，以后恐怕没有机会了。殊不知，在某些情况下，健康属于一种不可再生资源。如果你把这种资源全部耗光了，想要恢复到原来的状态，几乎是不可能的。据不完全统计，我国现阶段每年大约有 60 万人过劳死，这一触目惊心的数字足以说明，当健康状况急转直下的时候，其形势是不可逆的，一个人若是不懂得珍惜，耗尽了健康资源，等待自己的就唯有死亡了。垂危之际的人无论如何都不可能恢复到活蹦乱跳的状态。

健康是生命的本钱，也是你可依仗的最有力资源，你的身体状况在某些情况下是可以决定你的价值的，而且也决定了你是否能如愿达成自己的人生目标。一个人健康状况每况愈下的时候，往往是处于贬值状态的，无论什么人，一旦身体健康亮起了红灯，都会被迫从高位上退下来，即便是一个普通的上班族，如果一直身体抱恙，正常的工作也会受到影响。

除此之外，你想做任何事情，决心实现任何一个目标，都必须拥有一个健康的身体。比如你想拥有一个和美的家庭，想要和所爱的人相守到老，想要成就自我拥有精彩的人生，抑或是想实现无数大大小小的愿望，渴望平平安安到老，如果身体状况不允许，所有的愿望都不能实现，所有美好的憧憬都将成为泡影。现实告诉我们，健康是生命之源。拥有健康，你才能拥有一切，关爱健康，你的生命才能焕发出活力与光彩。

金钱是帮助你实现目标的工具

有个小女孩平时非常喜欢到大街上散步，有一天，她在十字路口的沥青里发现了两美分硬币。硬币埋得很深，她很难轻易拿到它。每次经过同一个位置的时候，她都会刻意把目光瞥向硬币，不过她不希望借助任何工具，只想徒手把它从沥青里弄出来。这显然是不现实的，转眼好几年过去了，她依旧没能得到那两枚硬币。

有一天下午，骄阳似火，天气格外炎热，她觉得沥青路似乎被太阳晒得融化了，于是又一次来到了十字路口。她猜想得没错，沥青果然变得松软了许多。她心里一阵兴奋，立即动手将硬币挖了起来，把 13 美元做的指甲都弄坏了，好不容易挖到了一美分。就在这时，前面车流滚滚而来，她马上起身离去，果断地放弃了另一枚硬币。

她没想到时隔多年，自己真的能得到埋在马路上的那枚硬币，心里非常欣喜。她高兴地在大街上把玩着小小的战利品，将硬币高高抛起，却没想到意外发生了。她没有接到硬币，眼看硬币从自己手中滑落，然后滚动到下水道，瞬间消失了。她痴想了好几年才得到的东西，竟然眨眼之间就消失不见了。这真是一件令人沮丧的事。

这枚小小的硬币给了她极大的启发，教会了她用一种全新的方式看待金钱的价值，硬币和金钱本身富有魅力和吸引力，所以人们才会执着地发掘它、追求它，做梦都想得到它，占有了它之后，又费尽心思保存它，然后又想着怎样花掉它，用它换来什么更诱人的东西。金钱本身是没有力量的，它的命运是由人来支配的。人没有

理由定义金钱是好是坏，只有领悟了金钱的真谛，才能真正掌控它，成为它的主人。

哲人说：“物质基础决定上层建筑。”充分肯定了物质的价值。在不同种类的资源中，物质资源是最为不可忽视的。因为缺少这一资源，你的很多目标都无法达成。比如你想接受良好的教育，想要接受专业的职业培训，都必须缴纳学费；想要创业，成就一番自己的事业，必须要有足够的资金；想要投资，必须要有资本；想要建立家庭，必须能为对方提供最起码的物质保障，给予对方最基本的安全感；想要过上有品质、有情调的生活，红酒和面包是必不可少的。

对于任何人来说，物质资源都是不可或缺的，但是拜物也是不可取的。金钱可以买下豪宅，但是买不到一个家；可以买到名表，但买不到青春；可以买到所有的奢侈品，但是买不到无价的真情。如果我们过分膜拜金钱，就有可能误入歧途，失去人生更有价值的东西。但是我们过于鄙视金钱，现实生活就会无以为继。金钱作为一种有价资源，在性质上无所谓好与坏，它对你的人生是会产生积极或消极的影响，不在于金钱本身，而在于你以什么样的方式获取它、储存它和利用它。

有些人把赚钱当成最大的目标，这种观点太过狭隘和短视了，金钱本不应该成为目标，而应该成为实现目标的工具。获取金钱的手段有三种，最主要的途径是通过辛勤的劳动获得，另一种是意外之财，比如突然中了彩票，百万、千万大奖从天而降，第三种途径就是通过违法犯罪、牟取暴利获得。古人说：君子爱财，取之有道。前两种尚且符合这一标准，第三种途径最为不可取。前两种相比较，第一种最让人心安，因为它是你凭借能力、智慧和辛苦换来的，必然会常伴你左右。第二种比较不靠谱，毕竟运气只是一时的，等你把奖金挥霍殆尽，想要再中大奖，概率比被陨石砸中都低。可见，只有踏实肯干，才能把握好金钱这种资源，使其服务于自己的目标。

赚到了钱第二步就是有计划地存钱，这一环节直接关系到你的目标能否实现。你可以把零钱放进储蓄罐，然后用这笔为数不多的小钱完成一个小小的生活目标，买一部手机、买一台电脑或是买一件新潮的 T 恤。你也可以存一大笔钱，完成一个向往已久的大目标。需要注意的是，假如你是个标准的月光族，每到月底口袋都变得空空如洗，那么任何目标都完成不了。

不肯储蓄影响目标的达成，但这并不意味着我们应该把储蓄当成最大的追求，做个像葛朗台那样令人鄙视的守财奴。钱存在银行里只是一个无用的数字，这就好比自然资源埋藏在地下不被挖掘，对人类就毫无益处一样。你只有懂得如何利用金钱、支配金钱，才能让金钱变得有价值。

吸取别人的经验，居于强者之肩

2006 年 7 月 12 日是一个惊动人心的日子，中国男子田径队 110 米栏运动员刘翔在赛场上以 12 秒 88 的好成绩刷新了世界纪录，一举夺得了金牌，成为了中国体育田径史上乃至亚洲田径史上，第一个跨栏冠军。那么，刘翔是怎么做到的呢？这还要从他平日的训练说起，教练将历届冠军参加夺冠比赛的过程全都录了下来，把每一个细节、每一个动作讲解给刘翔听，然后指导刘翔反复琢磨练习，最终使他夺得了冠军。

在体育界，向更优秀的人学习经验是非常重要的一环，在其他行业也是如此。古人学习书法都是从临摹开始的，很多的书法大家都是从临摹碑帖起步的。这些现象表明，我们可以把别人的经验当作一种可利用的资源，从而减少自己曲折探索的成本。临摹之道其实也是一种学习之道，只要你掌握了关键技法，就好比居于强者之肩，不但可以站得更高，看得更远，还有可能青出于蓝胜于蓝，做得比前人更好。

借鉴前人经验，并不等于简单地复制模仿，别人的成果是你复制不来的，投机取巧，一味寻求捷径只会让自己误入歧途。是否能把别人的经验转化成对自己有利的资源，一方面取决于你的态度，另一方面取决于你对经验的领悟。只有在吸收他人经验的基础上，融入自己的想法、创意，形成属于自己的独特东西，才能取得成功。我们若想要完成某个高难度的目标，凭借自己现有的经验和能力很难完成，不妨试着向他人取经，借鉴别人的成功之道，吸取相关的经验教训，绕过别人走过的弯路，直接奔向目的地。

有一个出色的渔夫，大半生都在撒网捕鱼，掌握了一流的捕鱼技术，被当地人奉为“渔王。”渔王每次捕鱼都能满载而归，可是他的三个儿子却做不到这点，他们并不像他那样擅长捕鱼，渔技都比较平庸，每次出海的收获都十分有限。

渔王渐渐地老了，他的儿子却一点进步都没有，他不明白在自己倾囊相授的情况下，儿子们为什么渔技那么差，不但做不了他的接班人，甚至连一个普通的老渔夫都不如，于是便向别人抱怨道：“我的捕鱼技术在这里一直是最好的，我真想不通为什么儿子们就没有得到我的真传。从他们记事起我就细心传授捕鱼技术，手把手地教他们怎么织网，告诉他们最基本的捕鱼知识，比如什么样的网容易捕到鱼，怎么划船才不会惊动鱼群，如何撒网才能捕获更多的鱼。”

渔王顿了顿，又说：“他们长大以后，我又教给他们鱼汛和潮汐的知识。我把几十年捕鱼的宝贵经验毫无保留地传授给了他们，可他们却一点也不争气，捕鱼的技术竟赶不上一个普通渔民的儿子。”听者问：“这些年来，你真的一直手把手教导他们吗？”渔王肯定地说：“是的，我把自己的捕鱼技术全都手把手地教给他们了。”“那么你把经验教训也教给他们了吗？”听者又问。

渔王愣了一下，然后说：“我让他们跟我学习捕鱼之道就可以了，为什么要把失败的教训传授给他们？”听者说：“你只传授给了他们捕鱼的技术，却没有把宝贵的经验教训传授给他们，这样是不对的。”

的确，只是被动地吸收经验，而没有总结经验教训，是学不到真本领的。如果你想成为某个行业的顶尖高手，就不能只是简单地复制偶像的经验，而要在学习他人经验的同时，破除对权威的迷信，认真研究对方的失误和失败的经历，避免自己犯下同样的错误。更加重要的是，你要找到属于自己的道路，创造出属于自己的新东西，而不是盲目抄袭别人的人生和作品。

画家和书法家都有过临摹别人作品的学习经历，可是如果他们一辈子只会临摹，就永远都不可能取得傲人成就。临摹水平再高，赝品终归是赝品，即使做到以假乱真的程度，价值也比不上真品。你必须找到自己的风格，才有可能在业界一鸣惊人。在书画界如此，在其他领域也是如此。临摹只是基础，在打基础的阶段最适合借鉴别人的经验，你若想让自己有所突破，想要让自己的能力得到飞跃性的提高，必须要充分挖掘自己的潜质，找到自己的方向。永远不要以成为第二个 XX 偶像为人生目标，你的目标要根据自己实际情况制定，别人的经验只是帮助你实现目标的资源，而不是让你成为 XX 人第二的途径。

用知识和情商武装你的头脑

费雪是一名品学兼优的学生，她成绩优秀，年年都能获得奖学金，还是学校里的干部，经常组织各项活动，人际交往能力和组织能力都很不错。到了大四，同学都在为就业的问题发愁，费雪却一点也不着急，她早就为自己定好了目标，决定成为一名记者。春节前，一些用人单位开始进入校园招聘，大家都忙着做简历，费雪却还待在图书馆里看闲书。她想：有影响力的媒体大多是在春节后才开始招聘的，找工作的事还是等过完春节再说吧。

3 月份以后，费雪才忙着到处投简历，她接连向好几家大型媒体、杂志社投出了简历，可是那些简历大多都石沉大海了，她仅得到了两次面试机会，之后就没有回音了。费雪接连遭受打击有些灰心了。她考虑过放低要求，到合资企业当文秘或者到大中型企业做助理。不过，她一直拿不定主意，总想着也许以后还能有更好的机会，很多近在眼前的机会就这么错过了。

眼见身边的同学大部分都和用人单位签了约，毕业的日子一天天临近了，费雪觉得压力越来越大。她想：如今大学毕业生工作不好找，还是先就业再择业吧。实在找不到工作就到超市做推销员或者到餐厅当服务员吧。毕业前半个月，费雪收到了一家小型企业的录取通知，成为了一名文员，尽管这份工作十分不理想，但考虑到严峻的就业形势，费雪也不敢奢望太多，于是果断跟这家企业签了约。

很多刚刚走出校园的大学生都像费雪一样，找不到自己的优势，觉得从学校学到的知识无法运用到社会实践上，所学的技能也派不上用场，除了年轻以外，几乎找不出任何可利用的资本。诚然，从校园里学到的知识和技能，在一定程度上和市场需求脱节，这是造成很多应届毕业生无法实现职业目标的根本原因，另外一个原因是，大学生无法正确认识自己所拥有的资源。

其实，每个人都拥有一定的知识和技能，一个目不识丁的农夫在田里劳作了几十年，对于农作物的栽植、播种收割等流程通常能了若指掌，一个文化程度不高的鞋匠日日做鞋，必然积累了很多有关皮鞋的维修和保养的知识。大学生寒窗苦读十多年，受过系统的高等教育，不可能什么都没学到，我们之所以觉得知识无用，不是因为知识本身没有价值，而是因为我们没有学会怎样运用知识，不知道如何把知识转化成有价值的资源。

在读书无用论盛行的今天，越来越多的人意识到知识不能直接转化为财富，于是便不再相信知识就是力量的论调。事实上知识只有跟实践结合起来才能变成有用的资源，在缺少社会实践活动的阶段，知识确实发挥不了太大作用。但随着经验的累积，你会发现专业知识其实是可以指导实践的，这就是为什么很多优秀的企业家会选择回炉再造，攻读 MBA 的原因。

初出茅庐的年轻人应该边实践边努力将现有经验和所学知识结合起来，将技术、经验、知识融合起来，形成自己的优势资源。同时要注重软实力的培养。近年来，由于就业形势严峻，年轻人为了适应市场竞争，开始自行培养“灰色技能”，并将其视为软实力的象征，以此增加自己的求职砝码。所谓“灰色技能”指的是跟社交有关的技能，包括喝酒、唱歌、搓麻将等。那么，这些技能真的对实现职业目标有帮助吗？

从短期来看，这些技能确实能让年轻人更快地走向工作岗位，但从长期来看，对自身的职业发展是非常不利的。一个人是否能立于不败之地，不在于是否擅长喝酒、唱歌、打牌，而在于他是否拥有过硬本领，过分迷信灰色技能，终将耽误自己的大好前程。诚然，要想更好地适应社会，我们必须学到书本以外的知识，社会本身就是一个大课堂，社交是一门必修课，但学会了灰色技能并不等于懂得了如何社交，它只是一种止于表面的肤浅技能，并不能帮助你实现自己的人生目标。

想要达成人生目标，我们必须提高自己的情商，把情商发展成一项最重要的资源。我们既要拥有认知自己情绪的能力，妥善管理好自己的情绪，又要拥有认知他人情绪的能力，要善解人意，能够跟不同个性、不同层次的人和谐相处，愉快合作，此外，还应该掌握一定的沟通技巧。这些技能皆源自生活，只要我们乐于悉心向生活学习，就能获得这种能力。

总之，作为年轻人，千万不要把自己学到的知识当成垃圾，而要学会把它变成提升自己智商的资源，同时不要过分相信“灰色技能”的神奇作用，而要努力提升自身的情商，尽量做一个智商情商双高的复合型人才，这样才能无往而不胜。

第九章

奔向终极目标，守望幸福

无论你以前完成过多少目标，最终你都会发现，原来的目标都不是你追求的目标，人类的终极目标只有一个，它直接指向了幸福。假如一个目标不能带给你幸福，不能给予你快乐的感觉，那么，即使它再宏大、再炫目，又有什么意义呢？人类执着前行，一路寻寻觅觅，难道不是为了寻找幸福的真谛吗？

目标是心的方向，也是幸福的方向，你追求的任何一个目标，都不应该背离自己的本心，心灵有一个家，你的灵魂才不至于漂泊无依。可惜的是很多人不清楚幸福的本质是什么，被无休止的欲望所累，结果走上了与幸福背道而驰的盲道。大千世界，色彩迷离，诱惑无处不在，当你的心被蛊惑时，距离幸福就越来越远了。幸福其实很简单，抛却世俗的繁杂，遵从自己的内心，还生活以本来的面貌，你就能感受到生命的纯粹和喜悦，就能于转角处邂逅幸福的阳光。

每个人都有幸福基因

小南和小北是两个普普通通的年轻人，两人是多年的笔友。一个在北京打拼，另一个在丽江谋生。小南做的是 IT 行业，年薪 15 万，奋斗了数年仍然买不起房，每天早早地挤公交车，呼吸着污浊的汽车尾气，下班后仍然要继续奋战，经常工作到凌晨两点。他时常想等到有了房有了车，有了大笔存款，有了空闲，随时都能到丽江旅行，那么自己就幸福了。

小北是一个摄影师，工资远没有小南高，他住在湖边的一栋小房子里，每天睡到自然醒，他用相机记录着雪山浮云、日出日落的美景，用光与影镌刻着属于自己的独特回忆。他觉得每一天都过得十分惬意，从来没有想过要寻求另外一种生活。

在通信的过程中，小南经常对小北说，他厌倦了现在的一切，恨不能得到一个时光遥控器，让自己提前来到 10 年之后，那时他什么都不缺，一定觉得很幸福了，不会像现在这样活得那么累。小北说："我也什么都没有，但我依然觉得很幸福呀，我觉得幸福不需要付出那么大的代价，也不需要太多苛刻的条件，它只是你内心的一种感受，只要你觉得自己幸福，那么你就一定是幸福的。"

人一生会有很多目标，但终极目标只有一个，它就是幸福。那么什么是幸福呢？央视记者曾经对各行各业的从业者提出过同样一个问题："你幸福吗？"听众给出的答案千奇百怪，很多人避而不答、答非所问，或是面露尴尬，似乎被触及到了心底最柔软的角落，又似乎不知道幸福的感受究竟是什么。

人们努力地学习、工作、经营家庭，为了实现一个又一个目标默默奋斗，目的无非就是追求幸福。但是人究竟拥有了什么才能感到幸福呢？也许你会说拥有一份好工作、一座大房子，拥有更多的闲暇时间，能够跟自己所爱的人慢慢变老，就会很幸福。似乎这些目标实现不了，自己就永远失去了幸福的资格？那么，事实果真如此吗？其实不是这样。我们常能看到收入微薄的清洁工开心地吹着口哨工作，那一刻他是幸福的；我们常能看到居住在狭小公寓里的一家人每天过着其乐融融的生活，他们是幸福的；我们常看到各行各业的人快乐地忙碌着，从事着自己喜欢的工作，即使忙得没有时间晒太阳，依旧一脸阳光……

幸福是我们的天性，它是一种与生俱来的能力，你不需要得到任何难以企及的东西，就能感到很幸福。科学研究显示，幸福的奥秘潜藏在人的基因里。一个国家的人民是否拥有更高的自我幸福感，并不取决于社会繁荣程度及治安情况，非洲撒哈拉以南的地区以及拉丁美洲北部，经济并不发达，人们也不安全，但生活在这些地区的人却感到非常轻松和幸福。墨西哥、加纳、尼日利亚、厄瓜多尔地区的人尽管各方面的条件都比较差，却依旧感到幸福。包括中国、日本在内的广大国家，条件要比以上国家好很多，但幸福指数却普遍偏低。

科学家认为，拥有较高的等位基因，便能更好地应对各种压力，活得相对轻松和幸福，生活在赤道和热带地区的人普遍具有较高水平的等位基因，所以他们生活得更幸福。亚洲人不幸福难道是基因出现了什么问题吗？根据地理决定论，不同的种族拥有不同的基因、不同的文化，各种错综复杂的因素，构成了不同的生存状态。不幸福的亚洲人之所以幸福感偏低，最主要的原因是将各种消极的因素融入到了自己的血液和基因中，以至于让消极的理念占据了自己的心灵和头脑，这种特征具体表现在以下五个方面：

1. 不善于发现阳光美好的一面

很多人只能看到自己的不幸以及生活中的阴霾，却看不到自己拥有的幸福，所以在无形中放大了他人的幸福，缩小了自己的快乐。其实，无论一个人多么不幸，也有被阳光照耀和爱抚的时候，世上没有真正的弃儿，只要你的内心永远存在一束光，善于发现生命中点滴的美好，无论生活多么困苦，都不会被拖入永久的黑暗。

2. 信念缺失

现在人面临的最大问题是信仰的崩塌，人们除了积累财富和无休止地炫耀以外，几乎找不到更高的追求，也不知道自己究竟想要什么，所以长期以来，都普遍感到空虚，难以找到持久的幸福感。

3. 热衷于盲目比较

有些人不清楚自己想要什么样的生活，只求比别人过得更好，没完没了地跟别人比工作、比收入、比房子、比车子、比银行存款……在比较中，野心和欲望无限膨胀，心里便再也没有了幸福的位置。

4. 没有奉献精神

哈佛大学研究显示，乐于帮助他人的人，自己往往更快乐。可是在当代社会，人们总是算计着从别人那里得到好处，无论做什么事情都是以个人最高利益为基准，对他人较为冷漠，对社会缺乏责任感，心中没有温情，只有利益考量，所以很难快乐。

5. 不懂得知足

常言道："知足者常乐。"当能力支撑不起野心的时候，知足是唯一的出路，不知足便意味着痛苦。人的欲望是无止境的，而一个人的精力、时间、寿命、能力都是有限度的，用有限的生命追逐无限的欲望，注定永远不幸福。

想要活得更幸福，我们必须摒弃生命中的消极因素，唤醒自己幸福的基因，摆脱主流价值观和世俗消极观念带给我们的影响，回归生命本身，从心出发，感悟幸福。

容易沉醉的人更幸福

小曼是一个安静而优雅的女孩，平时讲话慢声细语的，似乎永远都没有急事和愁事。在人们眼里，她永远都是那么快乐，虽然她实际上没有取得任何足以夸耀的成就。她嫁给了一个普通的男人，两人虽然没过上大富大贵的好日子，但彼此恩爱有加，生活得还算比较美满。小曼保留着午睡的习惯，生活非常有规律，每天都要抽出时间做健美操，每到周末全家都会外出旅行，在旅途中，小曼会耐心给孩子讲解自然科学的知识，一路上充满了欢声笑语。

小曼无论做什么事情都是很专注的，工作的时候她全身心地投入，休闲的时候她全身心享受，和家人在一起的时候，她充分感受着每一时、每一刻的美好，所以在她眼里，每一天都是令人愉悦的。她周围的很多人比她更富足，也比她更成功，但是却没有像她那样幸福地活过，人们使尽浑身解数想要过上更好的生活，结果皆未能如愿，所以，他们反而羡慕起各方面条件一般但却悠然自得的小曼了。

你对当下的生活感到满意吗？你真心感到幸福吗？恐怕很多人给出都是否定的答案。幸福是一种很主观的东西，它跟年龄、性别以及一切客观条件无关，只跟你的心理感受有关。

心理学家米哈利·克赛克认为，幸福的人大都具有一个共同的特征，那便是他们更容易沉醉在一种状态中，无论是工作还是娱乐，都能全情投入，并从中找到乐趣。他以科学家、舞蹈家、机械师、医生等不同行业的8000名工作人员为研究对象，发现能沉醉在某种状态中的人往往比较幸福。

沉醉是一种简单的快乐，它从你心底发出，像绵绵春雨一样润物细无声，带给你一种宁静愉悦的感觉。当你因为正做着自己喜欢的事情而无比沉醉，甚至有点忘乎所以的时候，那一刻一定是快乐的。痴迷一本书的时候，如饥似渴地阅读，那种快乐的感觉是不可描摹的；沉醉在一首经典的歌曲里，陶醉于优美动人的旋律，那种感觉同样很美好；做一件自己喜欢又富有挑战性的事情，充分调动身体的每个细胞，全然忘掉时间和空间，像艺术家打磨作品一样对待自己所从事的事情，幸福的感觉就会油然而生。

沉醉在心理学上有一个术语叫作“沉浸体验”，即Flow，它通常被翻译成福乐，指的是人们从事一种令自己身心愉悦，可控且富有挑战性的活动，就会产生一种沉迷其中的快乐体验。令人厌倦、枯燥无聊的事不可能让人产生福乐体验，根据心理学研究，能够让人产生这种美好体验的活动包括：从事自己喜好的事情、做运动、观看电影、学习自己喜欢的东西、愉快的社交、品尝美食等。做家务或者闲逛之类的活动通常会让人感到无聊，不会让人产生福乐的感觉。

获取更多的福乐体验对于你提高幸福指数是大有帮助的，那么，我们该怎么做才能拥有更多的福乐体验呢？

1. 选择具有挑战性和趣味性兼顾的活动

没有任何挑战性和技术含量的活动，无法调动人的积极性，而挑战性太大且比较无趣的活动，通常令人抗拒。只有有趣又具有一定挑战性的活动，才能带给人不一样的快乐感受。譬如爬山，既考验人的体能和毅力，又能令你领略到美妙的自然风光，使你在征服自然、挑战自然的过程中享受到挑战自我的乐趣，通常能给人带来福乐体验。

2. 找到忘我的感觉

福乐体验要求你全神贯注地投入某事，进入忘我的状态，哪怕你有一刻钟分心，那种感觉也会悄然溜走。大部分有福乐体验的人都会感觉时间过得很快，就像你饶有兴趣地阅读一本小说，不知不觉几个小时过去了，这说明你已经忘掉了时间和自己，全神贯注地投入到小说中了。在特殊的情况下，拥有福乐体验的时候，你会觉得时间被拉长了，有些事情只经历了几秒钟，但是你觉得某些动作就像电影里的慢镜头一样。生活中的这种现象是比较常见的，比如温柔的妻子在丈夫上班之前，帮助他整理领带的一瞬间，再比如热恋中的情侣甜蜜拥吻的一刻。

3. 多多增加高质量的亲密活动

和自己喜欢的人看电影、外出郊游或者从事其他活动，都会给你带来无比幸福的体验；教导孩子，陪伴孩子做游戏，珍惜每分每秒的亲子时间，也会使你的心底涌起一种无以名状的快乐感觉；经常和挚友一起参加各种主题沙龙，一起聚餐游玩等，也能使你沉浸在福乐的感觉之中。

学习接纳痛苦

自从我们来到这个世界上，就已经把追求幸福快乐当成最根本的目标。当我们尚在襁褓中时，母亲温暖的怀抱就能让我们感觉很幸福，牙牙学语时，玩具和糖果让我们感到很幸福。随着年龄的增长，我们的需求和欲望越来越多，追求的目标也越来越多，普遍认为只有拥有体面的工作、健康的体魄、美好的容颜、美满的家庭、优越富足的生活，无论走到哪里都被羡慕和崇拜才能感觉幸福，可是当一切条件具备时，却依旧感觉不到幸福。

事实上，即使在你境遇最好的情况下，仍然无法彻底回避痛苦。所谓世事无常，你的境况随时都有可能因为某个特定事件而改变。一个人结了婚，找到了一生的至爱，若干年后可能会因为各种各样的原因离婚；一个人风光无限，事事顺风顺水，却有可能在毫无征兆的情况下遭遇人生的滑铁卢。

每个人都骑着一辆追逐幸福的脚踏车，却总是会和痛苦不期而遇。如果我们不肯接纳痛苦，就无法真正享受幸福。我们将一生都消耗在那辆向幸福出发的脚踏车上，沿途中不停地计划着、安排着，设定了一个又一个目标，竭尽所能地追逐欢乐，费尽心思地规避痛苦，到头来却发现痛苦如影随形，是赶不走的，排斥它的结果就是让痛苦翻倍、快乐减半。

很多人害怕痛苦，不愿意接纳痛苦，毕竟快乐才是人们追求的目标，谁愿意承受痛苦呢？然而有些事情是不由我们选择的。当不幸发生了，痛苦的感觉产生了，我们是没办法改变这一事实的。任何人在遭遇疾病、破产、失业、失恋、家庭破裂等人生变故时，都会感到无比痛苦，这种强烈的感觉是无法马上消失的，如果你把这种感觉压抑住了，往往会导致更多的心理问题。

我们要学会像接纳幸福一样，接纳痛苦和不幸，只有这样，才能领悟到幸福的真谛。当不幸来临时，不要过分压制痛苦的感觉，学会和痛苦和平相处，放弃无谓的挣扎，你的内心便能得到真正的安宁。

史铁生曾经说过：“我常以为是丑女造就了美人。我常以为是愚民举出了智者。我常以为是懦夫衬照了英雄。”如果世上没有痛苦，我们如何知道幸福快乐为何物呢？幸福是在比较中出现的，经历过寒冷，你才晓得温暖的可贵；经历过黑暗，你才懂得光明的来之不易；经历过彷徨无助和挣扎，你才知道能安静地享受生活是一件多么神奇和美好的事。

痛苦就像粗糙的沙粒，当它侵入你体内的时候，你没有办法消除它，但是却可以像河蚌那样用一颗刚强而温柔的心包裹它，使其演变成一颗光彩夺目的珍珠。痛苦可以让幸福更深刻，让人生更丰盈、更有层次感，悦纳痛苦，像习惯白昼一样习惯黑夜，你就能拥有闪亮的生活，体味到幸福的厚味。

带着快乐去工作

有一个叫鲍勃的厨师，在经济不景气的年头，幸运地中了数百万美元的大奖，他一跃成为了腰缠万贯的富翁。中奖当夜，他在自己多年工作的那家餐厅宴请了所有的同事，并亲自下厨做了好几个拿手好菜，以庆祝自己被幸运女神选中。所有人都为鲍勃感到高兴，只有餐厅老板约翰在暗自难过，因为他认为鲍勃一夜暴富之后肯定不会继续留在餐厅了工作了，他不得不重新雇佣一名厨师。

第二天，老板约翰就贴好了招聘厨师的广告，可是让他做梦也想不到的是，鲍勃居然又回到了餐厅。老板惊讶得什么话也说不出，鲍勃幽默地说："我是个优秀的厨师，厨房才是我最热爱的地方，谁都别想把我们丢进无聊的豪华会所。"说完，他就吹着口哨进入了厨房，开始了忙碌的一天。很快，餐厅里便挤满了客人，当人们发现中了大奖的鲍勃仍然在从事着原来的工作时，都觉得有些不可思议。

后来记者采访了鲍勃，并直言不讳地问他："鲍勃先生，你现在已经成了有钱人了，不必继续留在餐厅里打工了，你为什么要返回原来的岗位上工作呢?”鲍勃回答说:“我从小就对厨艺感兴趣,尽管父母不想让我成为厨师,我还是走上了这条道路。在这家餐厅工作的日子里,我感到非常开心,我拥有一份自己喜欢的工作,这里的同事对我都很友善,我们彼此相处融洽,这段时光对我来说是非常美好的。所以我不会因为中了大奖而放弃自己热爱的工作,也不会因为意外之财而放弃原有的快乐。”

记者听了这样的回答之后,仍然心存疑惑,于是又问:“你为什么不把这家餐厅买下来,自己当老板自己经营呢?”鲍勃说:“当老板这种事情是约翰最喜欢干的事情,不是我喜欢的,我最喜欢当厨师。假如我把餐厅买下来了,约翰岂不是没事可干了吗?他岂不是会因此而不快乐吗?这种剥夺别人快乐,又不能让自己快乐的事情,我干嘛要做呢?”听完这番解释,记者由衷地对鲍勃产生了敬佩之情,不由得向他竖起了大拇指。

在大多数情况下,人们把工作当成了一种赚钱牟利的工具,于是工作就成了一种负担和苦役。如果你能像鲍勃那样,尝试着把工作和金钱分开,让它和快乐的体验结合起来,就会吃惊地发现工作并非是一种非做不可的苦役,而是一件非常有趣非常愉快的事情。

人一生三分之一的时间花在睡眠上,三分之一的时间花在赶路、吃饭和日常琐事上,剩下的三分之一全部花在了工作上。每天八小时的工作时间,你是愁眉苦脸地度过,还是快乐而充实地忙碌着,高高兴兴地度过呢?不要以为这是一件无关紧要的事情,因为它直接关乎到你的幸福指数。

心理学研究发现,能够在工作中发现乐趣的人比不喜欢工作和没有职业的人要幸福。工作本身就能给人带来乐趣,它能使你一展自己所长,让你获得成就感和安全感,从而提升你的幸福感。大量研究显示,职业女性普遍比家庭主妇要幸福,而拥有一份稳定职业的男士比赋闲在家的男士要幸福得多。

可惜在现实生活中，人们没有充分意识到工作与幸福之间的关系，多数人仍然视工作为苦差事，渴望一劳永逸，早点脱离目前的工作，抱着这种心态生活是不可能感到幸福的，因为无论你是否愿意，每天白天的大部分时间都献给了工作，这个过程如果是一种煎熬，人生可就真的成了一趟苦旅了。那么，我们该如何才能改变自身的状态，从工作中尽可能地获得乐趣呢？

首先，选择你喜欢的工作作为自己的职业。

只有从事自己喜欢的工作，才能乐此不疲。如果你非常讨厌目前从事的工作，仅仅是为了领工资才被迫从事这份工作，那就很难从中发掘出快乐的元素。喜欢是一件非常感性的事情，它无关利益，无关其他因素，只是源于你内心的感觉，所以才会让你获得强烈的愉悦感。你若真心喜欢一件事情，无论遇到多少困难都不会放弃的；对于自己不喜欢的事情，即使没有阻力，又能获得不少实际的好处，你依旧有可能提不起兴致。

其次，选择你认为重要且有意义的工作。

如果你喜欢的事情，在你心里并不重要，而且不具意义，那么，这样的工作能给你带来的幸福感受是非常有限的。工作不同于游戏，也不同于一般的娱乐消遣，你必须认为它是一件重要且富有意义的事情，才能倾尽全力把它做好。

再次，取得成果时，充分体验成功的乐趣。

当你花了很多心思终于完成了一项重要的任务，或者排除万难，终于找到了最佳解决方案时，是不是感到非常有成就感，甚至有点扬扬得意？这种感觉是非常正常的，说明你已经在迎接挑战的过程中找到了满足感，带着这种感觉继续努力工作，你就能从工作中发掘出更多的乐趣。

多余的欲望都是累赘

一匹马渴望得到幸福，便请求上帝把它带到天堂里。上帝问它为什么想进天堂。马非常直率地说，因为它认为在天堂里能追求到自己想要的幸福。上帝说，天堂里确实有很多诱人的东西，比如财富名声、美酒佳肴、笙歌美人，但是拥有这些，未必就能得到幸福。马不相信上帝的说法，它说既然在天堂里能享受到这么多好东西，怎会不幸福呢？

上帝不再发表规劝之言，把马带到了天堂，临行前对马说："你可以在天堂里待10年，10年后必须把你找到的幸福交给我，如果办不到的话，就要下地狱。"马一心想要进入天堂，于是便不假思索地答应了。天堂果然像上帝描述的那样，汇集了人世间所有诱人的东西，马从此过上了饱食终日的奢华生活，忘记了对上帝的承诺。转眼10年过去了，上帝问马找没找到幸福。马呆住了，它不敢欺骗上帝，只好说没找到。

按照当初的约定，上帝把马带进了地狱，限它在10天之内找到幸福，如果它能做到的话，就取消对它的惩罚。马进入地狱之后，发现眼前是一片荒漠，那里除了烈日狂沙，几乎什么也没有。马感到又饥又渴，为了活下来，它四处奔波寻找食物。整整跋涉了10天，没有找到一点可吃的东西。由于体力不支，它倒在了沙漠里，快要饿死的时候，它在不远处发现了几棵青草。看到能让自己活命的青草，马高兴地笑了起来。这时上帝出现了，它问马是否找到了幸福。马十分肯定地说找到了，幸福就是眼前的那几棵青草。上帝同意了马的看法，便取消了对它的惩罚。

幸福不是得到世界上所有耀眼的东西，而是得到自己最需要的东西。饥饿时，能得到果腹的食物就是幸福；口渴时能喝到一杯清水就是幸福；寒冷时能获得一缕温暖就是幸福。一个 10 天没有吃到东西的人，最想要的不是什么山珍海味，而是一顿饱饭；在沙漠中迷路的人，渴望得到的不是良田豪宅，而是救命的清泉；在风雪中奔波的旅人，想要的不是名利钱财，而是可供自己投宿的旅馆。

想要获得幸福，其实不需要拥有太多，你只要实现一些简单的目标就足够了。人们常犯的一种错误就是把奢侈品看得比必需品还要重要。很多人都会为几克拉的钻石而疯狂，而看不到水和面包的价值，却不曾意识到没有钻石，自己依旧可以活得很好，若没有水和面包，连生命都难以维系。

其实，一个人最基本的需求并不多，一箪食一瓢饮足矣，多余的欲望都是毫无用处的累赘。印度诗人泰戈尔曾经说过：“当鸟的翅膀上系上了金子，它就飞不远了。”人亦如此，当人类被欲望奴役的时候，就丧失了自由和快乐。欲壑难填是所有痛苦的根源，也是所有不幸的开始。可是人又不可能没有欲望，史铁生说得好，人的真正名字叫作欲望，没有人能真正达到无欲无求的境界。

欲望是人类共同的名字。一个知识分子在取得了一定的研究成果之后，还想拥有更多的荣誉，获得更大的名声；一个农民在丰年有了更多的收成以后，还想过上更富足的日子；一个工人在工资有了小幅度的增长以后，还希望工资能再高一点；一个 90 多岁的老人喝过了寿酒以后，还希望自己能活到 120 岁……人的欲望是无止境的，有些欲望是合理的，有些欲望是多余的，而大部分欲望都已经超出了基本需求的范畴。

在当代社会，很多人把房子、车子、巨额存款以及各种奢侈品当成了最高追求，因为得不到这些东西而深感痛苦。这是很让人费解的。任何人都无法拒绝刚性需求，但弹性需求是可有可无的。如果把可有可无的东西当成终极目标，就势必会受到贪欲的蛊惑。智者说，世俗之事，越做越没有边际。你如果停下来，那就是它的边际。意思是无论追求什么都要懂得适可而止，过度追求只会让你陷入无休止的贪婪追求中。

在遥远的古代，人类就已经意识到了欲望对自身的戕害，于是提出了"存天理，灭人欲"的口号，结果贪欲被暂时压制住了，但正常的人性也被压制了。灭人欲是一件办不到的事，任何一个有血有肉的凡夫俗子，都有七情六欲，过分压制正常的欲望只会导致人性的扭曲。那么，我们应该怎样对待欲望呢？对此，新东方创始人俞敏洪给我们提供了答案："一个人的成熟，不是没有了欲望，也不是压抑欲望，而是懂得理性地疏导欲望。"

欲望就像滔滔的河水，对它围追堵截，就会令它泛滥成灾，只有对它进行合理的疏导，你的内心才能获得永久的平静。我们不能扼杀正常的欲望，但也不能过分纵欲，对贪欲听之任之，不但要学会将贪欲的洪水导入大海，还要给自己一份简单而宁静的幸福。

内心的宁静才是永不枯竭的幸福源泉

一名叫霍华德·金森的哲学系博士生，毕业之际要写一篇关于幸福感的论文，为了完成这一选题，他走上街头，向市民分发了1万份调查问卷，花了两个多月的时间进行调查研究，结果发现收回的5200多张有效问卷中，只有121人觉得自己非常幸福。

霍华德·金森为了破解幸福的密码，对这121人的身份背景做了详细的调查。他发现有50人属于顶尖的成功人士，这些人的幸福感是建立在事业成功的基础上的。其余的71人，有农民、有公司职员、有家庭主妇，甚至还有靠救济金生活的流浪汉。这些人都没取得什么傲人的成就，用世俗的眼光来看，职业生涯可谓是一片灰暗，他们为什么能拥有这么高的幸福感呢？经过数次交流，霍华德·金森得出了结论，这些人对成就感和物质生活都没有过高的要求，他们很享受柴米油盐的平凡日子。

经过调查分析，霍华德·金森找到了幸福的奥秘，他认为世界上有两种人幸福感最高，一种是功成名就的人，一种是宁静淡泊的人。成功人士拥有非凡的事业，实现了自己的人生价值，所以是幸福的。平凡的普通人通过静心修炼，减少不必要的欲望，也能获得幸福。霍华德·金森把这一结论写进了论文，得了一个大大的“优”。随后他留校任教，成为了一名知名教授。

转眼20多年过去了，偶然间霍华德·金森又翻出了自己年轻时写下的那篇论文。他忽然产生了一个想法，想知道那些觉得自己非常幸福的121个人现在过得如何。于是他又联系到了当年认真调查过的121人，再次给他们分发了调查问卷。当年那些声称自己非常幸福的71位平凡者，还有69人健在，他们有的已经成为了成功人士，有的依然继续着从前的平凡日子，有的遭遇了疾病和各种意外的打击，生活十分艰难，尽管他们的境遇不同，但答案没有发生任何改变，所有人都依然觉得自己此刻非常幸福。

当年那50名成功人士的答案却发生了很大变化，除了9名事业顺遂的人感觉自己非常幸福外，其余的人的幸福感全都直线下滑了，23人觉得现在的生活很一般，16人因为遭遇了破产、降职的打击，感到目前很痛苦，另外两人则认为自己非常痛苦。霍华德·金森根据新的调查问卷又写了一篇论文，在论文中他总结道：一切靠物质支撑的幸福感都不可能持久存在，它会随着物质的消失而离

去，唯有内心的宁静才是幸福永不枯竭的源泉。

很多人穷尽一生追求成功，为的就是得到幸福，但是成功真的能换来幸福吗？在有些人眼里，答案是肯定的。成功意味着物质的富足，意味着光鲜体面的生活，好日子谁不渴求呢？在物质匮乏的时代，谁要是拥有自行车、手表、缝纫机这三样东西，就会被贴上成功的标签，让所有人羡慕不已；进入 90 年代，人们开始忙着添置彩电、冰箱，物质生活渐渐富足了，对成功的标准也提高了，到了现在，人们开始追逐豪宅、名车、名表，做梦都想成为霸道总裁，可是幸福感反而没有以前高了，可见越成功越幸福是一个悖论。

客观来说，成功能够带来物质上的富足，物质上的富足能够带来生活上的便利，但这并不是幸福的最终要义。人的一生，所能消耗的东西是非常有限的。山珍海味再美味，吃多了也会腻烦；家里装修得像宫殿一样奢华，看多了也会产生审美疲劳；将手表镶满黄金钻石，把玩久了，也会感觉无聊。没有一种用钞票购买的东西，能给你带来恒久的幸福。

成功并不是幸福的必要条件，站在金字塔顶端俯视众生的人，只能在人们崇拜的目光中获得短暂的幸福，假如他从高塔上摔下或是感觉高处不胜寒，幸福感便会荡然无存。幸福是不需要购买的，也不需要从成功中获得，它并非那么稀缺，我们感觉不到它的存在是因为缺少一双发现的眼睛。在公园里遛狗的老年人是幸福的，因为他在享受生活的安闲；对着大海弹吉他的年轻人是幸福的，因为生活对他来说就像一曲美妙的音乐；仰着头站在大树下，眯着眼睛看树叶间细碎阳光的人是幸福的，因为在历经世事以后，他的内心仍保留着一份情调和诗意。

归根结底，幸福不过是一种主观感受罢了，如果你的内心不幸福，每天吃蜜也不会感觉甘甜，如果你觉得自己幸福，从一片土司中也能尝到甜美的味道。想要获得幸福，并非一定要跻身成功者俱乐部，成功所代表的一切都有可能在某一天消失不见，毕竟名利和物质都是难以把握的东西，正所谓“人无千日好，花无百日红”，此刻拥有的东西都有可能在明日失去，我们唯一能把握的就是自己的内心，把握住了内心，就能遇见幸福。

世间最可贵的莫过于爱与温情

人作为一种社会性动物，需要从外界获得关怀和支持，需要亲情、爱情、友情的滋养。每个人都不是一座孤岛，我们只有在与他人的亲密关系中才能感受到自己被需要、被信任，才能更深刻地感觉到自我存在的巨大价值。一个父亲或是一个母亲只有感觉到自己被孩子需要时，才能感受到到甜蜜的幸福感和神圣的责任感，作为别人的朋友或是伴侣，你只有感觉到彼此互相需要的时候，才会感到无限欣慰。无论扮演哪种社会角色，我们都脱离不了人际关系的纽带，温情的传递是无处不在的。

随着社会节奏的加快，随着手机、互联网的普及，人与人之间联络的时间成本降低了，然而彼此之间的距离却在无形中被拉大了。表面上看，我们似乎每天都在与生命中重要的人保持联络，但实际上那种形式上的联络已经成了一种敷衍和应付。回想一下，你多久没有和家人共进晚餐了？多久没有跟父母促膝长谈了？一通简单的电话能够弥补两代人之间不断被拉大的裂痕吗？当你为名利所累而劳顿不堪的时候，恐怕连打电话的时间都抽不出来，通常一条简洁的短信就已经涵盖了一切想表达的内容，你会难过地发现长大成人后自己跟家庭似乎已经不再亲密了。

学生时代，也许你还愿意花很多时间经营友情，步入社会以后，你可能会发现纯粹的友谊离自己越来越远了，这是因为你把更多的时间和精力耗费在了应酬上，而没有花在志同道合的朋友身上。若干年后，有些朋友可能已经消失在茫茫人海，有些朋友可能已经与你相忘于江湖，有些朋友即使还与你保持一定的联络，但彼此之间的联系已经不再那么频繁了，qq、微信这些社交平台已经无法维系彼此之间越来越脆弱的关系，社交网络并不能把人心拉近，却能在为双方省掉见面的时间成本以后，将两者无限推远。

人生最为可悲之处在于，在为人父为人母的时候，没有充分理解上苍给予自己的恩赐，没有珍惜陪伴孩子成长的时间，不知道他（她）什么时候第一次开口叫爸爸（妈妈），不清楚他（她）什么时候长出了第一颗乳牙，错过了他（她）蹒跚学步的时光，没有捧着一本《十万个为什么》耐心回答他（她）提出的各种千奇百怪的问题。转眼之间，孩子长大了，与自己关系分外疏远，你这才意识到自己究竟失去了什么。

如果你感到自己并不幸福，想必心中已有答案了，你不幸福并不是因为上苍没有赐福与你，而是因为你没有好好珍惜生命中最宝贵的情感，没有跟亲人、爱人、朋友建立起和谐融洽的关系，没有更深入地走进他们的生活，也不曾让他们更深入地走进你的内心。无论你取得多高的成就，也无论你获得了多少资产，这种遗憾都是无法弥补的。如果你想要获得幸福，首先要从修复破碎的亲缘关系和断裂的友谊开始。

一名男子正匆匆忙忙地走在路上，忽然手机响了，电话那端传来了一个小女孩稚嫩的声音："爸爸，你什么时候回家？我好想你啊？"男子一听就知道小女孩打错电话了，便不耐烦地说了句："打错了。”然后挂掉了电话。接着他开始忙着联系客户，两人约好到一家高档餐厅边用餐边谈合约。

男子继续赶路，手机铃声又响了，打电话的仍然是刚才的那个小女孩，小女孩口口声声叫他爸爸，一遍又一遍地央求他回家吃饭。男子感到很心烦，粗暴地挂断了电话。跟客户洽谈完以后，他想起企划书还没做好，又匆匆忙忙赶回办公室加班。直到深夜，他才拖着疲惫的身体返回家中。回到家里以后，他发现女儿窝在沙发里睡着了，旁边的茶几上摆放着生日蛋糕和蜡烛。

妻子以责备的口吻说：“今天是女儿 5 岁的生日，她一直等着你下班之后回来庆祝，既不肯插蜡烛，也不肯切蛋糕……”他内疚地抱起熟睡中的女儿，轻轻地把她带到了卧室中，心里默默地说了无数个对不起。第二天他推掉了所有的应酬，给女儿补办了生日，看着女儿吹灭蜡烛、许下心愿，一脸幸福的样子他竟然流下了激动的眼泪。

晚上，他又接到了陌生小女孩的电话，他的态度好了些，他耐心地告诉小女孩他不是她的爸爸，小女孩不再纠缠了，礼貌地挂断了电话。他把手机放到了茶几上，顿时思绪万千，心想：在这个世界上有多少位父亲因为忙于事业而忽视了孩子的成长，他们忽略了生命中最宝贵的东西。还好他及时意识到了这个问题，一切还不算晚。

在这个世界上最弥足珍贵的、最能给我们带来幸福感受的，不是成就感，也不是物质财富，而是人世间的爱与脉脉温情，如果我们意识不到这一点，即使得到了再多的东西也不可能感到幸福。一个人站得再高，找不到能跟自己分享喜悦的人，人生势必是落寞的；一个平凡的人，倘若能从亲人、友人那里获得理解、支持和关爱，即使一生没能取得什么成就，他依旧是幸福的。

时时保持笑容，心情刻刻满分

我们知道幸福感发自内心，它是一种难以描述的微妙感觉，那么，我们该如何发现它的存在呢？其实，想要做到这点并不难，因为幸福是写在脸上的，大量心理学研究发现，面带幸福感的人确实比其他人更幸福。什么叫作面带幸福感呢？简言之就是面带笑容。笑是快乐的催化剂，笑口常开的人幸福感一般都不会太差。

笑是人类与生俱来的能力，就连新生婴儿在睡梦中也会露出甜甜的微笑。可惜作为成年人，我们开怀大笑的时刻实在太少了。中国人素来内敛，普遍喜怒不形于色，能够无所顾忌、爽朗大笑的人少之又少。再加上现代人生活压力太大，时不时要面对老板的责备、客户的刁难、朋友的疏远，想笑的时候越来越少了，大部分时间不是在苦笑就是强颜欢笑。

不可否认的是，人生确实有很多烦恼，可是愁眉苦脸并不能改变什么。生活就是这样，有时候并不是因为幸福才笑，而是因为笑了才会幸福。笑拥有一种神奇的力量，它能治愈你的心灵，让你感受到幸福的丝丝暖意，哪怕最开始你笑得很勉强。幸福是可以练习的，笑也一样，每天对着镜子微笑、大笑几分钟，心头所有的不快都将烟消云散，看着自己那张热情洋溢、笑靥如花的脸，你的内心也将变得明媚起来，生活中的不如意在那一刻将会变得轻描淡写，那一刻你会发现其实快乐真的是一件很容易的事情。

有一个年轻人受到了失恋的打击，一连数月郁郁寡欢，几乎再没有展露过笑颜。每天他都在抱怨命运、抱怨人生，仿佛自己是唯一一个被生活亏待了的人。有一天他心烦意乱地穿过一段林荫道，看到两个拉二胡讨生活的盲人艺人，顿时被他们的表演吸引住了。

男人忘情地拉着二胡，表情无比陶醉，女人在高声歌唱。老实说他们的表演水平算不上高超，男人二胡拉得很一般，女人唱到高声部的时候总是很吃力，一曲《塞北的雪》下来，嗓音都有点变了。年轻人之所以关注他们，不是因为他们的卖力表演，而是因为两个人的脸上一直保持着微笑。两人合作完一曲又一曲，渐渐地有些疲惫了，可是他们却一直执着地表演着，脸上一直保留着盈盈笑意。过路的人纷纷把钱放到了他们的钱盒里，年轻人也掏出了5块钱。女人殷勤地向大家表达着谢意，男人的二胡拉得更起劲了。

那天天气很冷，天上飘起了零星的雪花，可是他们丝毫没有散场的意思，继续卖力地表现着。年轻人想：他们的生活是何等艰难啊！可是他们并没有自怨自艾、抱怨不休，而是选择了笑对人生，这种精神是多么难能可贵啊！比起他们，自己可是幸运多了，但自己却总是一副苦大仇深的模样。想到这里，年轻人不再板着脸，他望着远处的霓虹灯，不由得笑了起来，那一刻他感觉自己整个人放松了，似乎真的找回了快乐的感觉。

美国《每日公报》健康专栏作家劳瑞林·芮克尔认为，在笑不出来的时候假笑对身心健康也是有益的。大笑可以扩展你的胸腹，使你的肌肉得到充分放松，同时能加强你的血液循环。如果你是一个幸福感偏低、一向少展笑颜的人，不妨经常在家对着镜子练习微笑。

最开始练习的时候，你也会觉得自己笑得很僵硬、很不自然，找不到真实的感觉。遇到这种情况不要着急，你可以试着用嘴咬住筷子调动自己的面部肌肉，这样就能找到微笑的奇妙感觉。《心理科学》杂志中一项报告指出，人在咬住筷子时调动的肌肉与展露笑容时使用的肌肉相同。利用这个技巧，经常练习，你嘴角上扬的弧度就会变得越来越自然，由微笑带来的积极效应将会如期而至。

心理学研究表明，时时保持笑容，才能让心情刻刻满分。可是长期保持笑容并不是一件容易的事。那么，我们该怎么做，才能让自己每天笑容满面呢？答案很简单，只要多跟爱笑的人在一起就可以了。瑞典乌普萨拉大学研究发现，笑是富有感染力的，看到别人微笑或大笑，你也会不自觉地笑起来，并发自内心地感到高兴。英国伦敦大学的苏菲·斯科特认为，听到愉快的笑声之后，你大脑中负责微笑的区域将立即产生反应，进而使你的面部展露笑容。

笑是一种天赐的正能量，它不仅能舒缓压力、缓解疲劳，还能将快乐的主动权交还到你的手中，提升你对生活的满意度。爱笑的人往往更健康更幸福更有活力，他们并非每个人都如鱼得水，也并非全都交好运，但是却能发自内心地感到高兴，这就是一种幸福的能力。如果你也想获得这种能力，就尝试着从练习微笑或大笑开始吧！

别在失去后才追悔莫及

有一个富翁和一个穷人在谈论一个古老而常新的话题：幸福究竟是什么。穷人两手一摊，用哲人的语调说："幸福就是现在。"富翁看了看他居住的简陋茅舍，又打量了一下他寒酸的衣着，不以为然地说："你现在过得这么落魄，怎么可能幸福呢？像我这样拥有豪宅、别墅，出门就有私人司机接送，回家就有管家、佣人伺候，过着光鲜体面的上等人的生活，才算过得幸福。"穷人没有说什么。富翁继续在他的豪宅里过着舒服而惬意的生活。

忽然有一天，发生了一起特大火灾，在冲天火光中富翁的豪宅化成了焦土，财物全都化成了灰烬，司机、管家、佣人全都各奔东西了。一夜之间，富翁变成了两手空空的穷光蛋。盛夏的一天，他外出乞讨，感到分外口渴，在路过穷人茅舍的时候，想讨碗水喝。穷人给了他一大碗清水，再次提起了他们之前谈论的那个话题："你现在认为什么才是真正的幸福？"富翁说："幸福就是你手中的这碗水。"

这则故事告诉我们：对于拥有的东西，人们往往浑然不觉，不知道珍惜，直到失去以后才知它的可贵。富翁在春风得意时，每天都能喝到一碗清水，然而他并不认为这是一件幸福的事，直到沦落成了乞丐，连一碗清水都需要向别人讨要的时候，他才明白原来幸福就在一碗水中。

很多时候，我们的眼睛总是盯着更高的目标，总是渴望得到可望而不可即的东西，对近在眼前的幸福熟视无睹，等到想得到的未得到、拥有的东西全部失去的时候，我们才想到珍惜，可惜一切已经来不及了。很多人自怨自艾，内心充满哀怨，认为生活欺骗了自己，将自己视为马太效应的受害者，不明白世界为何如此残酷，命运为何如此不公，自己本已所剩不多，仅有的东西却也要被生生夺去。泰戈尔却说："我们把生活看错了，反说它欺骗了我们。"事实上，不是命运剥夺了我们仅有的东西，而是因为我们在追求其他事物的过程中，放弃了很多宝贵的东西。

生活就像一架天平，一端摆放着我们做梦都想得到的事物，另一端摆放着在追逐该事物的过程中必定会失去的东西。正所谓有得必有失，你太看重得到，而忽略了可能失去的东西，就会在疯狂追求某个目标的时候，失去生命中最重要的东西——幸福。比如你欣赏满天繁星的时候，就失去了最美的骄阳；变得成熟干练、老于世故的时候，就失去了天性里的纯真；事业蒸蒸日上的时候，可能失去了健康、牺牲了家庭。想要什么都不失去就能得到想要的东西，那是不可能的。然而得与失并非是一种绝对的等价交换，有时候即使你失去了一切，也未必能追求到自己想要的东西，这样你就更痛苦了。所以千万别在失去后才追悔莫及，珍惜已拥有的比追寻未得到的更重要。

人们之所以离幸福很远，多半是因为病态的得失观。关于得失，人们的固有观念无非有以下几种：

第一种是认为自己渴望的东西都应该得到。有些人乐观地认为，只有付出努力了，得到就是一种水到渠成的必然结果，然而事实并不是这样。不努力肯定没有收获，但努力了未必就一定有结果。认为只要付诸努力一切皆可成为现实，是一种典型的唯心观念，然而客观世界是不以人的意志为转移的，你的想法无法左右事态的发展，固守执念只会令自己倍加痛苦。

第二种是认为失去的不该失去。怀有这种想法的人似乎忘记了失去不是命运的安排，而是自己选择的结果。假如面前摆放着苹果和巧克力，你选择了巧克力的同时，就已经失去了苹果，并没有人把苹果从你手中夺走，是你自愿放弃了它。如果你在吃完了巧克力或是没有吃到巧克力的时候，忽然意识到了苹果的重要性，感到追悔莫及，很有可能已经没有再次选择的权利了。这样的结果与马太效应无关，一切都是你自己造成的。

第三种是认为天生拥有的东西就不算得到。正是因为怀有这样的观念，我们才会忽略和漠视真正值得珍惜的事物或人。有些人天生拥有健硕的身体，所以不会把它当成幸福的资本，总是不注意自己的身体健康；有些人出生在比较优越的家庭，生来衣食无忧，所以从来不会把高枕暖衾的生活视为幸福的一部分；有些人在得到亲人的关怀、朋友的祝福、恋人体贴入微的照顾后，从未有过一点感动，反而觉得一切是理所应当的，于是一直身在福中不知福。

第四种是认为已得到的都是不重要的，未得到的才是最好的。人们总是对得不到的东西充满了各种幻想，甚至会无限憧憬自己不了解的事物，越是得不到越觉得它的诱惑力大，对于已经得到的事物则比较漠然。其实得不到的未必是最好的，它只是你触不到的梦而已，已经得到的才是美好的现实。为了苦苦追寻永远触不到的东西而放弃了身边的人或事物是不值得的，这样的选择也是极为不明智的。

懂得感恩，幸福就会不请自来

加州大学戴维斯分校的学者罗伯特·埃蒙斯曾在学校做过一项经典实验：他把学生分成了三组，要求每人每天认真记录自己的心情、健康状况以及整体的精神状态。十周以后，他让第一组学生每天记录五件值得感恩的事情；让第二组学生每天记录五件令人烦恼的事；让第三组学生记录上周发生的五件事情。

研究项目结束时，罗伯特·埃蒙斯第一组学生的幸福指数比另外两组学生高出了25%。这个结果太不可思议了，只要每天记录五件值得感恩的事情，就能让自己的幸福指数比别人高出25%，可见想要获得幸福是一件多么容易的事情，你只要懂得感恩就够了。

很多人时时把感恩挂在嘴边，可是真正懂得感恩的人并不多。更多的人习惯抱怨，对生活充满了不满，对于别人的付出也是那么麻木不仁。少有人会感谢一粥一饭，少有人会饮水思源、感谢挖井人，少有人会感谢自己尚在世间健康地活着这样一个基本事实，而那些被命运亏待了的人反而更加懂得感恩。

著名物理学家霍金因为患有肌肉萎缩性侧索硬化症，长期被固定在了轮椅上，他行动不便，不能正常说话和书写，全身只有三根手指能活动，然而就是这样一个重度残疾的人，在被问道一生之中最大的感触是什么的时候，他的回答居然是幸运。这个回答让所有的人都感到惊讶，一个高度瘫痪、生活不能自理的人，哪还有什么幸运可言呢？霍金显然并不这么认为，他用手指艰难地敲着键盘，写出了以下几行字："我的手指还能活动；我的大脑还能思考；我有可追求的理想；有爱我和我爱的亲朋；我还有一颗感恩的心……"

相比霍金，我们幸运多了，可是我们并不像他那样懂得感恩。人的一生当中，得到过很多人的帮助，我们没有察觉，并非是因为别人没有在我们身上倾注过爱与温情，而是因为我们对此早已习以为常，所以失去了感恩的能力。父母把我们抚育成人，付出了不少爱与心血；老师为把我们培养成才，可谓是煞费苦心；在最艰难的日子里，朋友给了我们友情与支持。在漫长的岁月里，爱人对我们不离不弃，给了我们莫大的关怀和鼓励……可惜的是，大部分时间我们都不知道感恩，总是认为全世界都亏欠了我们。这就是我们泡在幸福的温泉里却不知幸福为何物的根源所在了。

有个学生家境贫寒，便当里永远都是黑乎乎的豆豉，连一样像样的菜也没有，而他的同学的便当里都能看到美味的火腿和香喷喷的荷包蛋。更糟糕的是，每次吃饭，他都能从便当里发现几根长长的头发，可是这丝毫没有影响他的胃口，他经常会若无其事地把便当里的豆豉全部吃完。

同学见了，都有些厌恶，顿时感觉浑身不舒服。大家都在想他的妈妈实在太邋遢了，居然每次做饭都把头发掉进饭菜里。同学们都觉得他的妈妈不讲卫生，对他的印象也大打折扣。他从来没有邀请过同学到自己家里玩，可是有一年过生日时，竟破天荒地邀请了好几位同学到家中做客，同学不好意思拒绝，只好硬着头皮去了。

到了家门口，他高兴地对母亲喊道："妈，我带朋友来了。"她的母亲打开了门，开心地笑着："同学过来了，快进屋吧。"说完，她用手摸着房门，摸索着进了屋，同学这才知道她是个盲人。由于经济条件不好，那天的餐桌上只有粗茶淡饭。

在场所有的同学都感觉到了一阵鼻酸。他们想象着这位盲人母亲，每天是怎样艰难地制作便当，怎样小心翼翼地把便当放进了儿子的书包。虽然里面只有豆豉，从来没有出现过什么好吃的东西，但是却溢满了一个母亲最深沉的爱，连混杂在便当里的头发，都留下了母爱的痕迹。从此，所有的同学都不再鄙夷那个家境贫寒的学生了，因为他有一个伟大的母亲，而且他也知道感恩。

生活中，我们常爱扮演受害者的角色，责怪父母没给自己提供优越的成长环境，抱怨他们不理解自己；觉得朋友没有设身处地地为自己着想，反感老师恨铁不成钢的谆谆教诲；或是认为爱人没有做到与自己心有灵犀一点通。其实，错不在别人身上，所有的问题在于我们对别人要求太高，对自己太没有要求，以至于连最起码的感恩之心都没有。每个人都不完美，我们不能奢望别人百分百的完美，期望所有人在任何时候都能关照到自己的情绪。只有学会不苛责别人，感谢别人为自己的点滴付出，我们才能获得真正的快乐。

除了感谢陪伴我们成长、帮助我们渡过难关的亲人、朋友、爱人以外，我们还有对生活报之以感恩的态度。假如生活真的亏待了你，你是否能够为自己讨回公道？是否能改变现状？如果不能，就带着一颗平常心尝试着接受现实吧。在这个世界上绝对的公平公正是不存在的，它只是人类实现不了的理想而已。放眼望去，到处都能看到被生活亏待的人，你并不孤单，又何必为此耿耿于怀呢？不要总想着世界亏欠自己多少，人世间有多少黑暗和阴霾，想想一切美好的事情，想想值得感恩的事情，懂得感恩，幸福就会不请自来，试着让感恩为自己的幸福加分，你的人生从此将会变得辉煌灿烂。